Nello Gaspardo

Von harten Hunden und arroganten Giraffen

Der richtige Umgang mit Menschen im Beruf und Alltag

Nello Gaspardo studierte Agrarökonomie an der TU München, arbeitete als Selbständiger im Bereich Kommunikation und Verhandlungstechnik und verfasste seine Dissertation an der Fakultät für Politikwissenschaft und Philosophie der Philipps-Universität Marburg.

Er war 23 Jahre Professor für Rhetorik, Internationale Verhandlungsführung und Leadership an der ESB Business School, Fachbereich Internationales Management für MBA-Studiengang, der Hochschule Reutlingen.

Er ist weltweit unter anderem als Berater und Seminarleiter in den Bereichen verbale und nonverbale Kommunikation, Internationale Verhandlungsführung, Leadership und Konfliktmanagement bei mehreren international agierenden Organisationen und Unternehmen tätig.

Nello Gaspardo

Von harten Hunden und arroganten Giraffen

Der richtige Umgang mit Menschen im Beruf und Alltag

2., überarbeitete und erweiterte Auflage

UVK Verlag · München

Besuchen Sie den Autor auch auf **YouTube**!
Geben Sie dort in das Suchfeld einfach
Nello Gaspardo ein!

Umschlagabbildung und Illustrationen: © Die Illustrationsagentur, Will
Piktogramme: © appleuzr (Seite 4), © DivVector (Seite 20), iStockphoto

Bibliografische Information der Deutschen Nationalbibliothek
Die Deutsche Bibliothek verzeichnet diese Publikation in der Deutschen Nationalbibliografie;
detaillierte bibliografische Daten sind im Internet über http://dnb.ddb.de abrufbar.

2. Auflage 2020
1. Auflage 2018 unter dem Titel: „Von Harten Hunden und hyperaktiven Affen"

© UVK Verlag 2020
– ein Unternehmen der Narr Francke Attempto Verlag GmbH + Co. KG
  Dischingerweg 5 · D-72070 Tübingen

Internet: www.narr.de
eMail: info@narr.de

CPI books GmbH, Leck

ISBN 978-3-7398-3070-4 (Print)
ISBN 978-3-7398-8070-9 (ePDF)
ISBN 978-3-7398-0084-4 (ePub)

„Es geht nicht darum, etwas Neues zu sehen,
sondern bei dem, was man sieht,
etwas Neues zu denken."

Arthur Schopenhauer

für meine Frau und meine Tochter

Liebe Leserin, lieber Leser!

Privat und insbesondere beruflich werden Sie bei mannigfaltigen Anlässen bestimmt mit unterschiedlichen Menschentypen konfrontiert. Sie haben sicherlich bemerkt, dass die Charaktereigenschaften Ihrer Ansprechpartner in einem stressigen Kontext noch ausgeprägter erscheinen als sonst. Während Sie hinsichtlich der Kommunikation mit manchen Eigenarten Ihres Gegenübers keinerlei Schwierigkeiten haben, stellen wiederum andere Charakteristika doch mehr oder minder starke Herausforderungen für Sie persönlich dar. Sind diese aus Ihrer Sicht **schwierigen Ansprechpartner** für Sie wichtig, ist eine Optimierung der zwischenmenschlichen Kommunikation notwendig.

Weil Menschen grundsätzlich verschieden sind, ist konsequenterweise die Anwendung einer menschen- und situationsadäquaten Herangehensweise empfehlenswert. Eine auf Empathie (Einfühlungsvermögen) gestützte Annäherung ist ein geeignetes Hilfsmittel für eine gute zwischenmenschliche Relation.

Diese Lektüre soll Ihnen praktische Instrumente an die Hand geben, die Sie im differenzierten Umgang mit Menschentypen und in unterschiedlichen Situationen anwenden können; mit dem Ziel, die kommunikative Beziehung mit diesen für Sie essenziellen Gesprächspartnern zu optimieren. Weil die Beschreibung unterschiedlicher Charakterzüge etwas abstrakt ist, werden **neun bekannte Tiere**, die metaphorisch für bestimmte Menschentypen stehen, vorgestellt und ausführlich behandelt. Denn Bilder erleichtern sowohl das Verständnis als auch dessen Einprägung ins Gedächtnis. Der Tiervergleich hat also lediglich metaphorischen Charakter, der zur Illustration des Sachverhalts beiträgt.

Während des Lesens werden Sie sich fragen, welcher Tiertyp Sie selbst eigentlich sind. Allerdings ist es noch wichtiger zu wissen, welcher Tiertyp oder welche Tiertypen für Sie persönlich die **größten Herausforderungen** (Probleme) in einem gegebenen Kontext darstellen. Im Buch werden Sie wertvolle und praktikable Tipps für die Optimierung der Kommunikation und Zusammenarbeit, speziell mit fordernden Menschen, finden.

Da einige Menschen die Charaktereigenschaften zweier Tiertypen in sich vereinen, wurde die **zweite Auflage** dieses Buches um ein Kapitel mit **Tierkombinationen** ergänzt. In diesem Kapitel sind auch weitere Praxisbeispiele zu finden.

Das Buch soll keine wissenschaftliche Abhandlung sein, sondern eine nützliche Lektüre für jedermann. Es wurde für die Leser konzipiert, die an einer guten interpersonellen Kommunikation vor allem im Berufsleben interessiert sind.

Ich wünsche Ihnen viel Spaß bei der Lektüre.

Ihr Nello Gaspardo

Inhalt

Menschentyp »Affe« – zappliger Ideengeber

Menschentyp »Breitmaulfrosch« – redseliger Kumpeltyp

Menschentyp »Lämmchen« – schüchterne Teamplayer

Menschentyp »Igel« – mürrischer Leistungserbringer

Menschentyp »Nilpferd« – träger Pflichterfüller

Menschentyp »Giraffe« – divenhafter Kompetenzträger

Menschentyp »Fuchs« – cleverer Stratege

Tierkombinationen

Tierkombinationen im Kurzüberblick

Hinweis

Die im Buch verwendeten Tiermotive sind aus Gründen der leichteren Lesbarkeit sowohl männlich als auch weiblich formuliert. Sie schließen allerdings das jeweils andere Geschlecht stets mit ein.

Die Idee

Auf die Idee, ein Buch über das Thema zum Umgang mit unterschiedlichen Menschentypen zu schreiben, brachten mich im Grunde die vielen Zuhörer, die an meinen zahlreichen Vorträgen, Workshops, Vorlesungen und Seminaren teilgenommen haben. Denn der Inhalt dieser Veranstaltungen stieß auf ein breites Interesse. Meine Zuhörer wollten und wollen nicht nur die Präsenz des Vortragenden, sondern auch ein Nachschlagewerk mit wertvollen praktischen Hinweisen für den Umgang mit unterschiedlichen Menschentypen und in unterschiedlichen Situationen des Berufslebens. So entschied ich mich, diese für ein breites Publikum konzipierte Lektüre zu verfassen, ohne mit dieser einen wissenschaftlichen Anspruch erheben zu wollen.

In meiner beruflichen Laufbahn als Professor und Seminarleiter für Kommunikation, Internationale Verhandlungsführung, Körpersprache, Konfliktmanagement und Leadership habe ich mich jahrelang mit der zwischenmenschlichen Kommunikation – wissenschaftlich und vor allem praktisch – intensiv befasst. Das ermöglicht mir, eine Lektüre zu konzipieren, die sich auf wissenschaftlich-empirische Kenntnisse sowie auf Erfahrungen des täglichen Lebens stützt. Die Fallbeispiele und anwendungsaffinen Tipps sind das Resultat einer 40-jährigen internationalen Lehrtätigkeit an diversen Hochschulen, Universitäten und in Unternehmen.

Warum ein solcher Buchtitel?

Das Wort *Umgang* impliziert eine Beziehung und eine irgendwie geartete persönliche Verbindung mit einer Person, wobei der Kontext eine zentrale Rolle spielt. Ein Gespräch zu einem bestimmten Thema kann differenzierte Konnotationen haben, je nachdem, mit welchem Menschen und in welcher Situation es geführt wird.

Der Umgang mit Menschen setzt die Entstehung einer interpersonellen Kommunikation voraus. In der Kommunikationswissenschaft wird dieser aus dem Lateinischen stammende Begriff *communicare* (mitteilen, teilen, teilnehmen) als Austausch von Botschaften oder Informationen zwischen Personen definiert. Als Informationskanäle werden die verbale, also die gesprochene Sprache, die nonverbale Sprache – d. h. die Körpersprache Mimik, Gestik, Blickkontakt und räumliche Distanz – und die Stimme (paraverbal) verwendet.

Wissen | paraverbale Kommunikation

Als paraverbale Kommunikation werden Botschaften bezeichnet, die gehört werden. Beispiele: Stimmlage (hoch, tief, tragend, zitternd), Lautstärke (angenehm, unangenehm laut, unangenehm leise), Betonung (wie einzelne Wörter betont werden), Sprechtempo (schnell, langsam), Sprachmelodie (eintönig, moduliert, singend).

Die Lektüre ist auf das WIE einer interpersonellen Kommunikation und Beziehung fokussiert, wobei die teilnehmenden Menschentypen, deren Absichten und der gegebene Kontext stets berücksichtig werden.

Ziele und Mittel

Das Hauptziel dieses Buches ist die optimale Gestaltung der interpersonellen Kommunikation, Zusammenarbeit, Führung von Mitarbeitern und die Verhandlung mit unternehmensexternen Personen, wie beispielsweise Kunden. Sender und Empfänger sollen dabei ihre Kommunikation in der Zusammenarbeit, Führung und in der Verhandlung verbessern: durch gezielte Beobachtung nonverbaler Elemente, durch aktives Zuhören, durch bewusste Wahrnehmung charakterlicher Eigenschaften des Gegenübers und durch die Anwendung adäquater Kommunikationsmittel in Abhängigkeit von einem bestimmten Unternehmenskontext.

Tägliche, spontane interpersonelle Kommunikation

Im täglichen Leben wenden die in den Kommunikationsprozess involvierten Menschen alle beschriebenen Kommunikationsinstrumente mehr oder weniger bewusst an. Je harmonischer und klarer der Meinungsaustausch erfolgt, desto entspannter und offener ist der Austausch von Informationen, Eindrücken und persönlichen Interpretationen der Dinge. Sender und Empfänger sind in diesem spezifischen Fall ehrlich und zeigen ein gutes gegenseitiges Vertrauen. Die nonverbalen, paraverbalen und verbalen Mittel sind kongruent. Sie unterliegen **keiner besonderen Beobachtung**. Sprecher und Zuhörer handeln natürlich und spontan. Sie stehen in perfekter Harmonie zueinander. Nach Schulz von Thun benutzen beide Gegenspieler das **gleiche Ohr**.

Treten während eines Kommunikationsprozesses jedoch sachliche oder beziehungsaffine **Störungen** auf, beginnen Gesprächspartner aufmerksamer zuzuhören und genauer auf die wahrnehmbaren nonverbalen Signale zu achten. Der Botschaftsempfänger analysiert den Inhalt (primär das Was) sowie die Mimik, Gestik und Stimme (primär das Wie) akkurater und gründlicher. Er vergleicht, ob ihm Inhalt und Verpackung (auditiv und visuell) konsistent oder inkonsistent erscheinen. Sobald ein Gesprächsteilnehmer verbale und nonverbale Botschaften als Widerspruch wahrnimmt und interpretiert, wird er spontan kritisch und, je nach Situation, sogar misstrauisch. Dies geschieht insbesondere beim Auftreten von Unsicherheiten, die auf Unkenntnisse, Ängste, Unbehagen oder auf Lügen zurückzuführen sind.

Abgesehen von gut trainierten Individuen mit einer starken Beherrschung ihrer Körpersprache, also Personen, die auch in den schwierigsten Situationen eine souveräne, sichere und überzeugende Haltung zeigen, senden die meisten Menschen in einer solch diffizilen Lage widersprüchliche auditive und visuelle Signale. Diese sind von einem aufmerksamen Kommunikationspartner durch kritische Beobachtung und aktives Zuhören leicht zu entschlüsseln. Neben diesen Einflussfaktoren, die beim Austausch von Botschaften allgemeine Gültigkeit haben, sind die charakter- und verhaltensbedingten Attribute wichtig. Daher spielen die im Folgenden ausführlich beschriebenen Typen, dargestellt in neun tierischen Metaphern, die Hauptrolle. Die Konzentration **visueller** und **auditiver** Mittel ermöglicht eine empathische **verbale** Annäherung.

sehen   hören   reden

Es geht nicht um bloßes Reden, sondern vielmehr um die gezielte Wahl einer passenden Terminologie.

Dadurch kann der Sprecher seine Vorgehensweise situativ adaptieren. Bereits vor der Rede muss der Referent Zweck und Absichten seines Vortrags definieren. Er kann mindestens drei wichtige Grundziele selektieren: informieren, sachlich überzeugen, emotional überzeugen:

» informing
» convincing
» persuading

Wissen | informing, convincing, persuading

Will man jemanden informieren (*informing*, to inform), braucht man lediglich Informationen. Will man die Zuhörer überzeugen (*convincing*, to convince), braucht man konkrete Argumente, gefüllt mit Fakten, Daten, Zahlenmaterial, Beweisen, Pro und Kontra etc. Die rationale Argumentation steht hier im Mittelpunkt der Rede.

Bei dem Überzeugungsprozess sind Kenntnisse über den Inhalt notwendig. Will man jedoch jemanden emotional überzeugen (*persuading*, to persuade), braucht man die sogenannte persuasive Kommunikation. Sie stützt sich auf Empathie, Emotionen und Charisma. Im Mittelpunkt steht vorwiegend die emotionale und weniger die sachliche Argumentation. Beim persuasiven Prozess sind Kenntnisse über die Zuhörer von größter Bedeutung.

Dies ist der entscheidende Unterschied zwischen rationaler (Inhalt) und persuasiver (Mensch) Kommunikation.

Um diese Ziele zu erreichen, muss der Redner – der Mitarbeiter, die Führungskraft, der Verhandler – den Inhalt beherrschen (**Hard Skills**), aber auch Kenntnisse über den Zuhörer besitzen (**Soft Skills**). Je *schwieriger* (aus Sicht des Referenten) der Kontrahent ist, umso wichtiger ist die *persuasive* Überzeugung.

Nur die Orientierung am Menschen ermöglicht es, wichtige Erkenntnisse über den Ansprechpartner zu gewinnen.

Bei der interpersonellen Kommunikation sind mindestens zwei Partner involviert, deren Charakterattribute ähnlich, unterschiedlich oder völlig konträr sein können. Eine Reihe persönlicher Faktoren wie Sympathie und Antipathie sind bei zwischenmenschlichen Beziehungen von großer Wichtigkeit. Die hierarchischen Ebenen beeinflussen zweifelsohne die tägliche Kommunikation und Zusammenarbeit im Beruf. So ist die Ebene zwischen Freunden, Kollegen eine andere als die zwischen Untergebenen und Vorgesetzten. Auch die Verhandlungsposition von Käufer und Verkäufer ist von bestimmten Faktoren abhängig. Derjenige, der in der vermeintlich schwächeren Lage ist, muss sich zwangsläufig mehr anpassen als derjenige, der aus einer stärkeren Position heraus agiert.

Grundsätzlich tendiert der Mensch spontan dazu, seine verbale und nonverbale Sprache sowie sein Verhalten den persönlichen Merkmalen des Empfängers und dem gegebenen Anlass anzupassen.

In diesem Buch werden verschiedene Menschentypen anhand neun ausgewählter Tiermetaphern dargestellt. Sie repräsentieren Menschen, etwa Bekannte, Freunde und insbesondere Berufskollegen, Kunden, Lieferanten, Vorgesetzte oder Untergebene. Entscheidend ist die Bedeutung dieser Menschentypen für die involvierte Person. Wenn der Nachbar – subjektiv betrachtet – ein schwieriger Mensch ist, kann dies durchaus unangenehm sein. Solange er keinen nennenswerten Einfluss auf das berufliche und private Leben des Betroffenen ausübt, ist das Problem begrenzt. Ist jedoch der gleiche *schwierige* Menschentyp der Vorgesetzte, ein wichtiger Kunde oder eine beruflich oder privat bedeutsame Person, ist der Sachverhalt ein völlig anderer.

Beispiel!

Bei einem Seminar für Privatkundenberater hat ein Teilnehmer einen bestimmten Menschen-Tier-Typ als für ihn sehr unangenehmen und schwierigen Kunden dargestellt, auf den er gerne verzichten würde. Er meinte, er habe fünf solcher Typen als Private-Banking-Kunden, die er absolut nicht mag. Diese fünf Kunden machen aber 80 Prozent seines Kundenportfolios aus. Verlöre er sie, wäre er arbeitslos. Er muss also diese ihm unangenehmen fünf Menschen-Tier-Typen akzeptieren und das Beste daraus machen. Daher muss er versuchen, die Person (schwierig, wichtiger Kunde) vom Inhalt völlig zu trennen. Das ist für diesen Privatkundenberater keine leichte Aufgabe.

Warum Tiermetaphern?

Eine Metapher ist ein bildhafter Ausdruck, der statt des wörtlich Gemeinten etwas bezeichnet, das ähnlich ist. Nach der Thesaurusdefinition ist eine Tiermetapher eine Sammlung von Ausdrücken (Adjektiven, Redewendungen, Sprichwörtern, Substantiven und Verben), die Bezeichnungen von Tieren und deren Ableitungen enthalten, sich jedoch hauptsächlich auf den Menschen, die Technik und die Gesellschaft beziehen. Der eigentliche Ausdruck wird durch etwas ersetzt, das deutlicher, anschaulicher oder sprachlich reicher sein soll, z. B. *Baumkrone* für „Spitze des Baumes" oder „Der wortkarge Fußballspieler lässt seine *Beine sprechen*". Beine können vieles, sprechen können sie gewiss nicht!

Teilweise füllen Metaphern auch <u>semantische</u> Lücken, die nur durch aufwendigere Umschreibungen zu schließen wären (z. B. Flaschenhals). In der **Werbung** sind Metaphern unverzichtbar, da sie insbesondere gute Gefühle transportieren, was hilfreich ist, um den Kunden zum Kauf anzuregen.

Grundsätzlich merkt sich der Leser einprägsame Bilder mit bekannten Motiven besser als lange und komplizierte Erklärungen.

Wichtiges zu den Tiermetaphern!

Die neun ausgewählten Tiere sind:

» Hund

» Pferd

» Affe

» Breitmaulfrosch

» Lämmchen

» Igel

» Nilpferd

» Giraffe

» Fuchs

Mit der Darstellung dieser Tiermetaphern beabsichtigt der Autor keineswegs, manche Tiere als gut/sympathisch und manch andere als schlecht/unsympathisch zu titulieren. Es handelt sich hierbei um Tiermetaphern, die im allgemeinen Sprachjargon geläufig sind. Die ihnen zugeordneten Charakterzüge lassen sich mit bestimmten Verhaltensweisen von Menschen sehr gut assoziieren. Sie besitzen eine prägende Wirkung und bleiben im Kopf des Lesers fest verankert.

Die Beschreibung der einzelnen Tiermetaphern berücksichtigt das Verhalten eines Menschen (Menschentypen) und nicht dessen Ursache. Auch sind die singulären Charakteristika völlig unabhängig von den geistigen Fähigkeiten, von Bildung, Fachkenntnissen oder beruflicher Erfahrung. Ein anstrengender, hyperaktiver Affe muss nicht minder intelligent und fähig sein als ein schlauer Fuchs oder ein selbstbewusster Hund. Ein schüchternes Lämmchen mag seine Kenntnisse nicht so brillant vortragen wie eine rhetorisch versierte Giraffe. Aber je nach Situation kann seine notorische Zurückhaltung sogar sympathischer, angenehmer und vorteilhafter erscheinen als das Verhalten einer arroganten und hochnäsigen Giraffe.

Absolut betrachtet gibt es weder gute noch schlechte individuelle Besonderheiten. Wichtiger ist ihre situativ richtige Dosierung. Eine erfolgreiche Fußballmannschaft kann nicht nur aus filigranen und mimosenhaften Superstars bestehen. Sie braucht auch technisch weniger versierte Spieler, die dafür aber einen starken Gemeinschaftsgeist und eine Abräumerattitüde (z. B. resolute Hunde) besitzen. Ein gut funktionierendes Team besteht aus fachlich, aber auch charakterlich unterschiedlichen Menschentypen, welche sich gut ergänzen können. Die Stärke eines guten Teams ist die Heterogenität.

Das sollten Sie wissen!

»Die gewählten Tiere und deren Verhaltensweisen (siehe Folgeseite) werden absichtlich plakativ dargestellt. Das erleichtert das Verständnis des Lesers, auch wenn es in der Realität kaum Individuen geben dürfte, die tatsächlich der Reinform eines Tiertypus entsprechen. Die Kombination (Mischung) einiger Tiertypen relativiert die zugespitzt formulierten und dargestellten Charakterzüge.«

Die prädominanten Eigenschaften
der Tiertypen im Überblick

Typus	Eigenschaften
	Hund | dominant, impulsiv, zeigt Zähne, Antreiber
	Pferd | akkurat, überlegt, sachlich, kooperativ
	Affe | hyperaktiv, ungeduldig, sprunghaft, innovativ
	Breitmaulfrosch | redselig, neugierig, hört selektiv zu, kontaktfreudig
	Lämmchen | schüchtern, unscheinbar, redet kaum, hört aufmerksam zu

Typus	Eigenschaften
	**Igel**	introvertiert, kritisch, misstrauisch, zuverlässig
	**Nilpferd**	phlegmatisch, hört kaum zu, passiv, lässt sich nicht aus der Ruhe bringen
	**Giraffe**	selbstbewusst, machtbesessen, arrogant, gebildet
	**Fuchs**	schlau, hört gut zu, eloquent, fordert Menschen heraus

Die unterschiedlichen Menschentypen

Menschentyp »Hund«
– impulsiver Arbeiter

prädominante Eigenschaften:
dominant, impulsiv, zeigt Zähne, Antreiber

Was Sie vorab über Hunde wissen sollten!

Der Haushund (*Canis lupus familiaris*) ist ein Haustier, das als Heim- und Nutztier gehalten wird. Seine wilde Stammform ist der Wolf, dem er als Unterart zugeordnet wird. Wann die Domestizierung stattfand, ist umstritten; wissenschaftliche Schätzungen variieren zwischen 15.000 und 100.000 Jahren vor unserer Zeit.

Der Hund gehört zu den beliebtesten Haustieren schlechthin. Die folgenden Sprüche unterstreichen die Liebe des Menschen zu seinem Hund:

» „Der Hund ist das einzige Wesen auf Erden, das dich mehr liebt
als sich selbst."
(Josh Billings)

» „Hunde lieben ihre Freunde und beißen ihre Feinde."
(Sigmund Freud)

» „Der eigene Hund macht keinen Lärm, er bellt nur."
(Kurt Tucholsky)

» „Der Mensch ist das einzige Lebewesen, das Geschäfte macht.
Kein Hund tauscht einen Knochen mit einem anderen."
(Adam Smith)

» „Wer nie einen Hund gehabt hat, weiß nicht, was lieben und
geliebt werden heißt."
(Arthur Schopenhauer)

Mit 42 Zähnen an einer Sache festbeißen

In diesem Buch bekommt der Hund zusätzliche Konnotationen. Er
wird als ein resolutes, begeisterungsfähiges, arbeitsliebendes, dominantes, impulsives, risikoaffines, oft lautes, kampfbereites Tier mit
Durchsetzungskraft stilisiert. Interessant ist in diesem Kontext sein
Gebiss: seine 42 Zähne. Vier davon, die Eck- oder Hakenzähne, heißen auf Lateinisch **Dentes canini** (Singular *Dens caninus*), also
Hundezähne. Diese Assoziation und weitere Merkmale bilden die
wichtigsten Charaktereigenschaften dieser Tiermetapher.

Der Hund besitzt weitere Charakteristika. Dazu gehören: das Mar-
kieren des Territoriums und die Beanspruchung von Platz, die Vor-
wärtsorientierung, das Expansionsbestreben, das Kräftemessen und
das kaum zu Bremsende.

Unabhängig von Rasse und Größe favorisiert der Hund eher den
spontanen und offenen Kampf als lange, harmonische und – und aus
seiner Sicht – langweilige Diskussionen und Kompromisse. Aber:
Der Hund verschafft sich Respekt. Das Bellen und, wenn nötig, auch
das Beißen gehören zu seinem Repertoire. Generell meidet der Hund
die Konfrontation nicht. Er nimmt dabei eine mögliche Eskalation in
Kauf. Insbesondere dominante Hunde attackieren gerne. Der Stärke-

re soll gewinnen. Unter angriffslustigen und lauten Disputanten fühlen sie sich wohl.

Selektiv Zuhören und rasch handeln

Nicht jeder Hund bellt und beißt, und nicht jeder der bellt, beißt auch. Solange der Hund sachlich und kooperativ ist, sollte man ihn nicht unnötig provozieren. Ist der Ansprechpartner selbst ein dominanter Hund, macht es ihm Spaß, den anderen zu reizen.

Während einer lebhaften Diskussion hören Hunde-Typen meistens selektiv zu. Ihre Impulsivität führt zu raschem Handeln, zu schnellen und spontanen Entscheidungen. Die Details sind für sie weniger relevant; deren gründliche Analyse delegieren sie lieber an die Experten. Typische Hunde besitzen für akribische und manchmal quälende Aufgaben nicht die notwendige Geduld und Ausdauer. Diese Charaktereigenschaften sind bei Hunden selten vorhanden.

Hunde-Typen übernehmen gerne die Initiative und ermutigen Mitarbeiter und Mitspieler. Sie fordern gerne ihr Gegenüber bzw. ihren Gegner heraus. Im Team sind sie eine wichtige treibende Kraft. Eine Fußballmannschaft ist ohne mindestens einen Hund, der kämpft, rackert und dem Gegner zeigt, wo es langgeht, kaum vorstellbar. Mit seiner resoluten und, wenn nötig, kompromisslosen Spielweise ermöglicht er den spielerisch versierten Mitspielern, ihre technischen Fähigkeiten zu demonstrieren, ohne direkt im physischen Kampf involviert zu sein. Der Hund kümmert sich um diese für die Stars lästige Angelegenheit. Der ehemalige holländische Fußballspieler mit Hunde-Charakteristika, Jaap Stam, hat in einem Interview sinngemäß einmal gesagt: „Bei mir kommt entweder der Ball oder der Spieler vorbei, aber auf keinen Fall beide zusammen."

Hunde sind keine Mimosen

Hunde sind kämpferische, aber faire Mitstreiter. Sie teilen gerne aus und stecken auch problemlos ein. Auch nach einer bitteren Niederlage wirken sie selten mimosenhaft. Weil sie einen Kampf instinktiv gewinnen wollen, schlagen sie bei Wettkämpfen – ohne lange zu zögern – einfach zurück.

Beim Aufeinandertreffen zweier stark emotionsgeladener Menschen (aggressive Hunde) spitzt sich die Lage rasch zu. Je stärker ein Teilnehmer emotional aufgeladen ist, umso weniger rational sind seine Behauptungen und Standpunkte. Es kommt häufig vor, dass sich zwei aufgeregte und impulsive Menschen trotz lediglich geringfügiger konkreter Differenzen streiten. Wenn man sie nach dem wahren Grund ihres Disputs fragt, finden sie meistens keine plausible Antwort.

> Mögliche Hauptstreitursachen sind in diesem Fall gegenseitige Antipathie, Rivalität, ein Machtanspruch, das reine Kräftemessen, pure Streitsucht sowie das Bestreben, das Schlachtfeld als Gewinner bzw. Sieger zu verlassen.

Auch in der Politik gibt es Hunde-Typen, die ähnliche Aufgaben wie in einer Sportmannschaft übernehmen und erfüllen. Ruhige, besonnene Minister und führende Politiker besetzen die Schlüsselpositionen mit starken, lauten, kompromisslosen und durchsetzungsorientierten Staatssekretären, also mit dezidierten und treuen Hunden.

Geringe emotionale Intelligenz

Damit erfüllt der Hund die Rolle des *bad guy*. Nicht gefragt ist dabei die **emotionale Intelligenz**. Insbesondere Selbstmanagement und Empathie finden hier keinen Platz. Tempo und Resultate sind in dieser Funktion erwünscht.

Es ist interessant, das Hundeverhalten von Journalisten, Experten und Politikern bei Fernsehdiskussionen zu beobachten. Wenn die Moderatorin hitzige Duelle zwischen den Kontrahenten **besänftigen** will, erteilt sie dem ruhigeren und souveränen Teilnehmer das Wort. Dieser Diskussionsgast sorgt schnell für eine Versachlichung der Auseinandersetzung. Währenddessen lässt der höfliche Mensch dem Hund eine große – zu große – Aufmerksamkeit zukommen. Er ist bestrebt, einen fachlichen Kontakt zu dem lauten, ungeduldigen, dominanten und impulsiven Hund herzustellen. Er zitiert seine Äußerungen, Stellungnahmen etc. und baut eine kommunikative Brücke. Ein solches Verhalten wird jedoch vom Hund viel zu oft als Belohnung und willkommene Gelegenheit gesehen, um wiederum die Initiative zu ergreifen und die Diskussionsführung erneut an sich zu reißen. Der sachliche Diskussionsteilnehmer fühlt sich überrumpelt und ist nicht immer imstande, die von der Moderatorin mühevoll wiederhergestellte Gesprächssachlichkeit zu nutzen. Nun haben beide ein Problem.

> In Unternehmen arbeiten zahlreiche **Manager mit Hundequalitäten**. Sie spornen an und motivieren Mitarbeiter und Kollegen, die anvisierten Unternehmensziele mit Begeisterung und Engagement zu erreichen.
> In Führungspositionen übernehmen Hunde den von S. R. Covey beschriebenen *Coercive Leadership Style* (auf Zwang gerichteter Führungsstil). Hunde erteilen Befehle; ihre Kommunikationsweise ist meistens top-down. Es gibt wenig Raum für kritische Beiträge. Dabei tragen Hunde die volle Entscheidungsverantwortung.

Hunde neigen oft dazu, mehrere für sie interessante Funktionen sowie Projekte von großer Tragweite an sich zu reißen. Sie delegieren nur, wenn es sein muss. Viel lieber kontrollieren sie. Hunde sind häufig stolze, machtorientierte, kämpferische und erfolgreiche Unternehmer mit einem großen Einfluss auf ihre Mitarbeiter.

Ihre Resolutheit, ihre direkte, dezidierte und dominante Haltung kann bei unsicheren, schüchternen und zurückhaltenden Mitarbeitern die Ursache für **passives** Verhalten sein. Sie fühlen sich dabei wie **unbedeutende** Untergeordnete. Weniger sichere Mitarbeiter führen in dieser Situation die Anweisungen ihres Chefs (Hund) in aller Stille, ohne Widerrede und ohne Kommentar aus. Sie fühlen sich wenig integriert und – in manchen Fällen – sogar als Opfer.

Eine harte Nuss bei Verhandlungen

Bei harten Verhandlungen übernimmt der Hund oft die hartnäckigen Positionen; auch auf Kosten der Flexibilität. Prinzipiell schließt er ungern Kompromisse und riskiert ein mögliches Scheitern der Verhandlung. Dadurch kann der Hund auf so manchen harmonieorientierten, sensiblen und kompromissbereiten Verhandlungspartner in hohem Maße abstoßend wirken.

Eine Verhandlung oder kontrovers geführte Diskussionen mit einem Hund müssen nicht zwangsläufig in eine Eskalation der Auseinandersetzung münden. Auch zu Aggression neigende Menschen können sich ruhig verhalten und mühelos sachlich argumentieren. Die Reaktion eines Menschen hängt in diesem Fall vom Verhalten der anderen Teilnehmer ab. Bei einem Konflikt sind mindestens zwei Personen involviert: die eine, die den Streit anstiftet, und die andere, welche ihn annimmt und sich auf eine Konfrontation einlässt. In diesem Fall findet ein lauter und hartnäckiger Hundekampf zwischen zwei oder mehreren emotional aufgeladenen Kombattanten statt.

Das sollten Sie wissen!

»Diese plakative Beschreibung trifft jedoch überwiegend auf die reinrassigen Hunde zu. Jeder Mensch kann in Stresssituationen impulsiv, angriffslustig und streitsüchtig reagieren, ohne zwangsläufig Hund zu sein. Manchmal können sogar ruhige, sanfte, wortkarge und schüchterne Personen bei Provokationen und persönlichen Attacken ein ausgeprägtes und völlig unerwartetes Hundeverhalten zeigen. Umstände und Streitlust verwandeln stille und ruhige Menschen in aggressive Mitstreiter. Trifft man bei diesen Individuen den sogenannten Schwachpunkt bzw. den delikaten Punkt, ist ihre Reaktion unerwartet impulsiv, aggressiv und sogar destruktiv. Reinrassige Hunde explodieren mit einer gewissen Regelmäßigkeit und sind dabei berechenbar. Von ihnen wird sogar eine gewisse Streitsucht erwartet.«

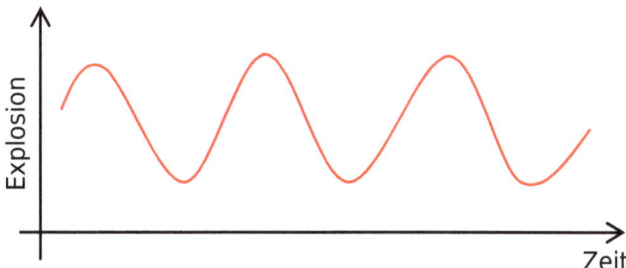

Hunde zeigen grundsätzlich sinusförmige Ausbrüche. Bei den sogenannten Hundeexplosionen sind Zeitpunkt, Dauer und Intensität
meistens vorhersehbar. Das unterstreicht die Berechenbarkeit eines
Menschen mit prädominantem Hundeverhalten.

Überblick | prädominante Eigenschaften
des Menschentypus Hund

» enthusiastisch, euphorisch, impulsiv, laut

» energisch, entschlossen, resolut

» ungeduldig, hört selektiv zu, unterbricht, fällt ins Wort

» dominant, setzt sich durch

» initiativ und entscheidungsfreudig, risikoaffin

» kompromissavers, konfrontativ, riskiert Eskalation

» teilt aus, steckt ein

» bellt und beißt auch

» provokativ, viele Gegner (Feinde)

» zeigt Zähne, kampfbereit

» aggressive Haltung, beansprucht viel Raum, direkter Blick,
fordert heraus

» angreifbar

» Verhalten berechenbar

Körpersprache des Hundes

Abgesehen von Alter, Körpergröße, physischer Konstitution und Funktion zeigen Hunde-Typen einen sicheren und resoluten Gang. Ihre Schritte sind laut und fest. Sie gehen auf die Leute zu, übernehmen die Initiative. Bei der Begrüßung haben sie einen festen Händedruck, der Sicherheit und Dominanz vermittelt. Bei extrem starken Hunden zählt man nach dem übermäßig festen Händedruck sogar die **übrig gebliebenen Finger**! Sitzt der Hund seinem Kontrahenten gegenüber, richtet er seinen Blick auf ihn und fordert ihn genüsslich heraus.

Bei heißen Diskussionen und Disputen können auch Hunde-Menschen ihre Zähne zeigen. Das ist ein Indikator für ihre Kampf- und Beißbereitschaft.

Das sollten Sie wissen!

»Unabhängig von der Raumtemperatur ziehen Hunde zuerst ihre Jacken aus und krempeln die Ärmel hoch. Jetzt sind sie zum Handeln bzw. Kämpfen bereit. Im Sitzen spreizen sie ihre Beine und nehmen dabei viel Platz in Anspruch. Das ist ein Signal der Dominanz. Hunde unterstreichen ihr Interesse an der Sache mit ihrem nach vorne gerichteten Oberkörper.

Im Wippen der Beine, dem Trommeln auf den Tisch, mit den Fingern oder dem Kugelschreiber manifestiert sich ihre Ungeduld und – je nach Kontext – auch ihre Reizbarkeit. Ihr scharfer Blick ist intensiv und gerade auf den Zuhörer gerichtet. Bei kontroversen Themen suchen sie mit starrem und senkrecht aufgerichtetem Kopf die offene Konfrontation mit dem Gegenüber. Am liebsten würden sie aufstehen, um den Kampf fortzusetzen und zu intensivieren.«

Hunde strahlen Selbstsicherheit und Macht aus, wenn sie sich mit nach oben gerichteten Daumen in Szene setzen. Befehle erteilen sie, indem sie ihren Zeigefinger nach oben oder hin zum Ansprechpartner richten. Beim Zuhören kann man ihre Angriffslust an den zur Pistole geformten Daumen und Zeigefingern feststellen.

Männliches vs. weibliches Verhalten

Beide Geschlechter stellen ihre dominante Haltung gern zur Schau. Bei Frauen sind die nonverbalen Signale subtiler und raffinierter, insbesondere dann, wenn sie klassische Frauenkleider wie Röcke oder Kostüme tragen. Wenn sie aber Hosen (speziell Jeans) anhaben, spreizen sie oft ihre Beine; jedoch nicht in dem Maße wie ihre männlichen Kollegen.

Reizbarkeit und Impulsivität sind beim männlichen und beim weiblichen Hund fast identisch. Das betrifft nicht nur das bereits erwähnte Wippen mit den Beinen, sondern auch das Trommeln mit Händen und Fingern auf den Tisch. Bei Begrüßungen haben Frauen einen festen, aber nicht zu harten Händedruck. Gangart und Schritte sind bei Frauen ebenso sicher wie ihre ganze Körperhaltung. Ihr Blickkontakt ist direkt, aber nicht so intensiv und weniger bedrohlich als bei den maskulinen Hunden. Direktheit, Stimmorgan, Impulsivität, Dominanz und Streitsucht sind nahezu identisch.

Weibliche Hunde in Führungspositionen unterscheiden sich nicht signifikant von ihren männlichen Kollegen.

Die benutzte Terminologie ist bei Männern und Frauen dieses Menschenschlages reich an Imperativen. Beide präferieren Klarheit und Direktheit vor Harmonie und Kompromissorientierung. Senkrechte Kopfhaltung und frontaler Angriff sind eine primär männliche Domäne. Frauen lächeln bekanntlich mehr als ihre maskulinen Kollegen. Dies gilt auch für dominante und angriffslustige Frauen. Wenn sie lächeln oder lachen, zeigen sie zwangsläufig ihre Zähne.

Unabhängig von spezifischen Menschentypen und deren Verhalten führt die Kombination von Lächeln und Zähne zeigen zu einer Minderung der Aggressivität. Das erhöht jedoch die sogenannte *Ambiguität* (Zweideutigkeit). Männliche Ansprechpartner, die klare und eindeutige Verhältnisse präferieren, reagieren dabei etwas verwirrt und – je nach Situation – sogar irritiert. Grundsätzlich fällt es Männern nicht leicht, die Symbolverbindung der Zähne (aggressive Haltung) mit dem des Lächelns (Freundlichkeit) zu decodieren. Sie können ihre Verlegenheit dann nur schwer verbergen. Bei gezielter Anwendung dieser wirkungsvollen Waffe tun sich Frauen wesentlich leichter als ihre männlichen Kollegen. Ihr Motto ist: Hart in der Sache, sanft bei den Mitteln, wobei bei typisch weiblichen Hunden auch deren nonverbale Mittel als heftig wahrgenommen werden.

Überblick | männliche und weibliche Hunde-Typen

männlich	weiblich
auffällig dominant	dominant
reizbar, impulsiv, leicht angreifbar	reizbar, impulsiv, angreifbar
sehr laut, sehr direkt	laut, direkt
Händedruck sehr fest	Händedruck fest
sicherer und lauter Gang	Gang sicher, weniger laut
Imperativform stark ausgeprägt	Imperativform ausgeprägt
laute Unterbrechungen	weniger laute Unterbrechungen
zeigt Zähne ohne Lächeln	zeigt Zähne mit Lächeln
nonverbale Signale eindeutig, leicht zu decodieren	nonverbale Signale zweideutig, schwer zu decodieren
krempelt oft Ärmel hoch	krempelt selten Ärmel hoch
Körperhaltung sehr konfrontativ	Körperhaltung konfrontativ
Raumeinnahme sehr ausgeprägt	Raumeinnahme weniger ausgeprägt

Umgang mit dem Menschentyp Hund

Je lauter die beteiligten Hunde bellen, desto chaotischer und unberechenbarer wird die Diskussion. Wollen andere Teilnehmer hingegen die Spannung abbauen und eine **Deeskalation** ermöglichen, ist die Anwendung einer asymmetrischen Taktik ratsam. Weil die Disputanten während ihrer explosiven Phase primär auf die Mimik, Gestik und vor allem auf die Stimme des Gegenübers reagieren, sollte die eingreifende Partei zuerst die eigene nonverbale und verbale Sprache kontrollieren. Contenance ist gefragt, also Besonnenheit und Gelassenheit. Verhält sich der Gesprächsteilnehmer hingegen symmetrisch – also beide Seiten agieren identisch –, wird es schwer oder fast unmöglich, die anvisierten konkreten Ziele zu erreichen. In den Mittelpunkt des Disputs gerät lediglich die emotionale Seite der Teilnehmer, und nicht die Sache. Eine einvernehmliche Einigung und die Aufrechterhaltung einer langjährigen Beziehung sind in Gefahr.

> Arbeiten zwei Personen – etwa zwei Arbeitskollegen – mit stark ausgeprägten Hundeeigenschaften auf der gleichen hierarchischen Ebene, nehmen sie selbst bei kleinen Differenzen den Kampf gerne an. Gibt keiner von beiden nach, eskaliert der Konflikt; und dies mit unkalkulierbaren Folgen. Eine physische Trennung beider Streithähne ist die logische Konsequenz.

Bei stark divergierenden Meinungsverschiedenheiten sollte man dem aufgeregten Hund nicht zu viel Aufmerksamkeit schenken. Es ist ratsamer, den Blick auf die anderen Diskussionsteilnehmer zu richten und dem Hund weniger Wertschätzung zukommen zu lassen.

Das sollten Sie wissen!

»Während einer hitzigen Debatte mit dominanten und mächtigen Disputanten ist es unbedingt zu vermeiden, mit den Füßen zu wippen, eine überhebliche und provokative Körperhaltung zu zeigen, den Zeigefinger oder Kugelschreiber gegen den bellenden Hund zu richten. Lange, laute, chaotische, heiße und stressige Gespräche mit solchen Personen sind auf ein Minimum zu begrenzen. Es ist immer besser, derartige Auseinandersetzungen möglichst gleich im Keim zu ersticken. Direkte Konfrontation, physische Nähe, frontale Haltung und intensives und bedrohliches In-die-Augen-Schauen sind schädlich und erhöhen die Aggression aller Beteiligten.«

Hund und Pferd funktionieren gut

Insbesondere im Umgang mit Vorgesetzten oder Kunden ist es empfehlenswert, sich wie ein besonnenes Pferd zu verhalten, d. h., den Ansprechpartner nicht zu unterbrechen, Gesprächsüberlappungen zu vermeiden, aktiv zuzuhören, leise zu reden, Gelassenheit zu zeigen, souverän zu handeln, Ruhe zu bewahren und zu warten, bis der Hund den Gipfel seiner Aggression erreicht hat. Dann beruhigt er sich allmählich. Ohne den erwarteten starken Widerstand des Gegners verliert der Hund sukzessiv die Lust am Weiterbellen und gar am Beißen. Nun ist eine vernünftige, kontrollierte und positive Einstellung zu zeigen. Erst danach beginnt der Hund graduell aktiv zuzuhören, rational zu denken und faktisch zu argumentieren.

Vor allem in **Stresssituationen** ist eine klare Trennung von Person und Inhalt erforderlich. Ein Gesprächsteilnehmer sollte die verbalen Angriffe der Gegenseite nicht unbedingt als persönliche Attacke interpretieren, sondern lediglich als einen auf den sachlichen Inhalt bezogenen Beitrag. Eine kühle, emotionsarme, kontrollierte und geradlinige Haltung trägt zu einem Abbau von persönlichen Aversionen bei. Tut sich der Hundekontrahent sehr schwer damit, ein solches für ihn womöglich unnatürliches Verhalten an den Tag zu legen, braucht er die Unterstützung eines bedachten Menschen.

Steht eine schwierige Besprechung mit Arbeitskollegen oder eine harte Verhandlung mit einem wichtigen Kunden an, ist die physische Präsenz eines souveränen Kollegen (Pferdes) zu empfehlen. Das Pferd übernimmt in dem Fall eine Art Moderationsfunktion. Es ist nämlich imstande, die Diskussion zu beruhigen, zu versachlichen und sie in die gewünschte Richtung zu lenken. Solange die Lage sich nicht normalisiert hat, sollte der Hund dem Pferd situativ die Initiative überlassen, ad hoc die Rolle eines Komparsen übernehmen und als Zuhörer und Beobachter fungieren. Nachdem das Pferd die Protagonisten mit Eleganz zur Raison gebracht und die Diskussion in die für alle Beteiligten richtige Bahn gelenkt hat, kann der Hund seine aktive und treibende Funktion Schritt für Schritt und ohne Abschweifungen wieder übernehmen. Scheitert auch dieser Versuch einer Deeskalation, ist eine Pause samt physischer Trennung der involvierten Disputanten notwendig, um eine emotionsbedingte Sackgasse zu vermeiden. Die Beteiligten beider Gruppen sollten die Pause als willkommene Gelegenheit gutheißen. Sie ist ein effektives Mittel, um die Gemüter zu besänftigen und eine andere und konstruktivere Herangehensweise zu ermöglichen. Die Wiederaufnahme der Gespräche bzw. Verhandlungen sollte ruhig und nachdenklich erfolgen.

Darauf sollten Sie bei Hunden achten!

Überblick | Das sollten Sie im Umgang mit Hunden beachten

» sich nicht provozieren lassen, ruhig und geduldig bleiben, asymmetrische Haltung übernehmen

» eigene Körpersprache kontrollieren, Contenance, Deeskalation

» physische Distanz halten, keine konfrontative aggressive Körperhaltung, kein direkter, bedrohlicher Blickkontakt

» nicht unterbrechen, nicht überlappen, aktiv zuhören, bis der Hund sich beruhigt, dann leise, sach- und zielorientiert reagieren

» Inhalt von der Person trennen, dem Hund nicht zu viel Aufmerksamkeit widmen

» kein devotes, serviles Verhalten (Lämmchen) oder aggressive Haltung (Hund), Sicherheit und Souveränität zeigen

» keinen weiteren Hund mitnehmen

» in stressigen und heiklen Situationen eine charakterlich komplementäre Person (ruhiges, besonnenes, sachliches Pferd) dabei haben und sie gezielt intervenieren lassen

> » Motivation durch: herausfordernde Aufgaben, Selbstverant-
> wortung, große Ziele. Einsatz seines Durchsetzung-
> svermögens und Kampfgeistes

Checkliste | Fehler, die Sie bei Hunden vermeiden sollten

» Schüchternheit, Servilität, Unsicherheit, Angst, Unterwerfung (Lämmchen-Attitüde)

» zu viel Respekt, nachgiebige Haltung ohne Gegenleistung

» Vermeidung visueller Kommunikation

» mimosenhafte Reaktion

» Gegner – und nicht die Sache – im Mittelpunkt, personenbezogene Vorgehensweise

» selektiv zuhören, selektiv argumentieren

» sich wie ein aggressiver und bissiger Hund benehmen, symmetrisches Verhalten

» ins Wort fallen, zu emotional, zu schnell und impulsiv entscheiden

» sarkastisches, süffisantes Verhalten

» Streit suchen, Eskalation provozieren, Gegner bekämpfen ohne konkrete Ziele

» provokative Attitüde (nonverbal, paraverbal, verbal)

» Details, Details und noch mehr Details

Beispiel 1 | Wer führt und entscheidet? Das stille Lämmchen oder der dominante Hund?

Glaubt man dem Maklerfall aus Beispiel 2 ist die Antwort klar: die stille, zurückhaltende und aufmerksame Person. Ist es immer so? Der folgende Fall liefert jedoch eine differenzierte Version über den *wahren* Entscheider.

Fallbeschreibung

Ein typisch deutsches **Familienunternehmen** wird von einem **Ehepaar** erfolgreich geführt. Der Firmengründer – ein Maschinenbauingenieur – ist der CEO. Seine Ehefrau – eine multilinguale und temperamentvolle Persönlichkeit mit langjähriger internationaler Erfahrung – ist für die *Human Resources* (Personal) zuständig. Der 70 Jahre alte, solide und international agierende Betrieb hat sich auf die Produktion von Metallteilen und Komponenten, u. a. auch für die Automobilindustrie, spezialisiert. Das dynamische und flexible Unternehmen ist bekannt für einen guten Kommunikations- und visionären Führungsstil.

Im Rahmen eines von der Firmenleitung durchgeführten Symposiums über „Kommunikation mit internen und externen Kunden im Unternehmen" nahmen etwa 150 Mitarbeiter und geladene Gäste teil. Das Unternehmerehepaar übernimmt die klassische Veranstalterfunktion, die als Fallbeispiel unserer Lektüre dient.

Äußere Merkmale und Funktion des Ehepaares

Der Ehemann etwa zwei Meter groß, Körpergewicht um die 150 Kilogramm, Schuhgröße 48, wirkt sehr ruhig, gelassen, zurückhaltend und ziemlich schüchtern. In der Firma kümmert er sich hauptsächlich um die Produktion, Produktentwicklungen und Logistik.

Die Ehefrau etwa 1,68 Meter groß, Körpergewicht maximal 60 Kilogramm, wirkt dynamisch, selbstsicher und vor allem sehr resolut. Neben ihrer Haupttätigkeit im Personalwesen unterstützt sie gelegentlich ihren Mann bei manchen geschäftlichen Angelegenheiten und Events.

Charakterlich ergänzen sich die beiden Persönlichkeiten optimal.

Erster Teil Veranstaltung: Vortrag des CEO

Der CEO fungiert als Referent. Von der Mitte der Bühne aus stellt er die eigene Firma und dessen Kommunikations- und Führungsstil detailliert vor. Die Unternehmerin sitzt in der ersten Reihe etwa drei Meter von ihm entfernt und beobachtet den ganzen Ablauf.

Der zurückhaltende CEO wirkt ziemlich statisch, spricht leise und extrem langsam. Als Verfasser des Vortrags wirkt er unsicher. Auffallend ist sein ständiger und intensiver Blick zu seiner Frau, als ob er ihre Zustimmung bräuchte. Während der einstündigen Präsentation gerät primär sie und nicht er zunehmend in den Fokus der Aufmerksamkeit. Ihre markante Mimik und lebhafte Gestik sind ein wahrer Leitfaden für den Referenten. Schließlich übernimmt sie *spontan* oder *zwangsläufig* die Funktion einer geübten Souffleuse. Sie legt ihm die Schlüsselwörter in den Mund, die er dankend wiederholt. Am Ende ist dem Publikum nicht klar, wer der eigentliche Redner ist. Eindeutig ist aber, wer die Leitung der Präsentation innehat. Der schüchterne Unternehmer endet seinen Monolog mit folgendem Satz: „Jetzt wissen Sie endlich, wer in unserem Unternehmen das Sagen hat!" So eine Formulierung kommt meistens aus dem Mund eines sanftmütigen Lammes oder eines reservierten Kaltblutpferdes.

Es muss betont werden, dass diese dominante und gefühlvolle Unternehmerin – zusammen mit ihrem Mann – auch an manchen Verhandlungen mit Lieferanten und Käufern teilnimmt. Kommunikation und Krisenmanagement mit Mitarbeitern sind Domäne dieser vielseitigen Unternehmerin. Fachlich hätte auch sie den Vortrag halten können.

Zweiter Teil der Veranstaltung: Diskussion mit dem Publikum

Noch interessanter ist die abschließende rege Diskussion mit den Zuhörern. Auch wenn das Publikum die Fragen logischerweise ausschließlich an den Redner stellt, werden sie meistens von seiner Frau ganz oder ergänzend beantwortet, obwohl sie bei diesem Symposium keine Rednerfunktion hat. Selbstverständlich ist der Ehemann in der Lage alle Fragen souverän und problemlos zu erwidern, dafür braucht er Ruhe und Zeit. Seine dynamische, entschlossene und impulsive Ehefrau wartet aber ungerne. Sie erfüllt diese Aufgabe mit Freude und großer Selbstverständlichkeit.

Am spannendsten ist die Abschlussdiskussion über das eigentliche Thema „Kommunikation mit internen und externen Kunden im Unternehmen". Der Verkaufsleiter hat in seiner süffisanten Stellungnahme behauptet, dass die Kaufentscheidung zu 90 Prozent emotional sei. Die anwesenden Verkäufer arbeiten im $B2B$[1]-Geschäft, bei dem scheinbar nur emotionslose, harte und trockene Preisverhandlungen zählen. Die meisten Zuhörer sind überzeugt, dass der obige Satz lediglich für Produkte und Dienstleistungen mit einer emotionalen Komponente wie Autos, Kleider, Reisen etc. gilt, nicht aber für ihre Produkte – nämlich Metallteile.

Die erfahrene Unternehmerin übernahm erwartungsgemäß die Initiative und antwortete prompt mit folgendem Satz: „Wenn sie und ihr Mann mit Lieferanten über Metalle und Metallkomponenten diskutieren, zählt dazu auch die zwischenmenschliche Beziehung. Mag sie einen Ansprechpartner nicht, wird die Geschäftsverhandlung zwangsläufig schwieriger und manchmal sogar unangenehm. In solchen Fällen gibt es nicht selten keinen Geschäftsabschluss". Wie erwartet nickt ihr Mann mit dem Kopf und signalisiert ihr seine volle Zustimmung.

Die Unternehmerin bringt hier ein zusätzliches Argument ein, nämlich die zwischenmenschliche Beziehung. Sie spielt bei *jedem* Geschäftsgespräch eine wichtige Rolle. Ein Abschluss hängt also nicht nur von sachlichen bzw. harten Faktoren ab, sondern auch von der Qualität der Beziehung – also von *weichen* Faktoren. Dies gilt auch bei emotionslosen Produkten.

Fazit

Das Beispiel zeigt, dass der **klassische Hund** dazu tendiert, die Initiative, wenn nötig, auch das Kommando einer Veranstaltung zu übernehmen. Auch dann, wenn er nicht der Protagonist ist. Beim **Lämmchen** ist es doch genau umgekehrt. Positiv ausgedrückt, kann man bei diesem Fall von Synergien und Komplementarität sprechen.

Abgesehen von der Validität ihrer Argumentation, hat sich die Ehefrau erneut durchgesetzt und letzten Endes entschieden, mit wem sie – wahlweise – Geschäfte macht oder nicht. Dies ist im Vergleich zum Maklerfall aus Beispiel 2 interessant, bei dem das Lämmchen (schüchterne Ehefrau) und nicht der resolute Hund (kämpferischer Ehemann) die letzte Entscheidung traf.

Nun, wer hat also das größte Entscheidungsgewicht? Spielt der Tiertypus, das Geschlecht oder beides eine Rolle? Bilden Sie sich eine Meinung und entscheiden Sie von Fall zu Fall.

Menschentyp »Pferd«
– besonnener Denker

prädominante Eigenschaften:
akkurat, überlegt, sachlich, kooperativ

Was Sie vorab über Pferde wissen sollten!

Das Hauspferd (*Equus ferus caballus*) ist ein weit verbreitetes Haus- bzw. Nutztier, das in zahlreichen Rassen auf der ganzen Welt existiert. Anders als die meisten anderen Haustiere diente das Pferd dem Menschen nicht nur zu Zwecken der Ernährung, sondern auch zur Fortbewegung. Das Pferd half dem Menschen im Transportwesen und bei der Arbeit in der Land- und Fortwirtschaft. Ab dem 20. Jahrhundert wurde das klassische Arbeitstier von Maschinen und Geräten ersetzt. Heute erfüllen Pferde primär eine Hobbyfunktion, was zu einer gewissen Renaissance des Hauspferdes geführt hat.

Diese mannigfaltigen Funktionen des domestizierten Pferdes werden in dieser Lektüre als sehr positive Attribute dargestellt.

» Das Pferd ist unter den neun dargestellten Tiermetaphern der **angenehmste** Menschentyp.

» Trotz existierender Rassenunterschiede – ein Haflinger ist (genetisch bedingt) ruhiger als ein scharrender Schimmel – gehören sie zu den **konstruktivsten** Mitarbeitern, Kollegen, Vorgesetzten oder Kunden.

» Positive Haltung, kooperative Einstellung, Besonnenheit, **Selbstkontrolle** über die eigene verbale und nonverbale Sprache sind die wesentlichen Merkmale dieses Menschentypus.

» Sie gelten als **aufmerksame Zuhörer**, angenehme und korrekte Ansprechpartner.

Mit seiner Souveränität übt es eine ausgleichende Funktion aus

Bei Diskussionen und in Workshops ist das Pferd bestrebt, das rationale Ohr einzusetzen. Unterbrechungen, ins Wort fallen, dominantes bzw. aggressives Vorgehen gehören nicht zu seinem Repertoire. Seine Reaktionen sind meist überlegt und inhaltsorientiert. Es redet nur, wenn es erlaubt ist. Das Pferd respektiert die Reihenfolge und favorisiert sachliche, konstruktive und zielführende Gespräche und Verhandlungen. Auch bei kontroversen Themen präferiert es den konkreten Dialog, und zwar möglichst in einer entspannten Atmosphäre.

Harmonie, Kompromissorientierung und Mediation sind für die meisten Pferderassen wichtiger als harte und kämpferische verbale Auseinandersetzungen. Dank ihrer Selbstbeherrschung lassen sie sich kaum provozieren, und dadurch kommt es selten zu einer Eskalation. Das Pferd zeigt normalerweise keine blanken *Dentes canini* (Eckzähne), und falls doch, dann zusammen mit einem ausgleichenden Lächeln. Das wirkt auf den Ansprechpartner als positives Zeichen.

In Schule und Universität werden Pferde als brave, fleißige, berechenbare und engagierte Schüler bzw. Studenten tituliert. Lehrer und Professoren mögen diese pferdeaffinen Qualitäten. Manche Mitstudierende haben in Bezug auf diese perfekten Kommilitonen eine andere Meinung und bezeichnen diese auch als **Streber**.

Pferde sind zuverlässig und berechenbar – ohne Allüren

Ihr Diskurs ist **strukturiert**, **klar**, **konkret**, aber auch arm an Esprit und Humor. Bei Vorträgen und Präsentationen ist ihre auffällige Selbstkontrolle erkennbar. Die nonverbalen und paraverbalen Elemente setzten Pferde gezielt und dosiert ein. Das betrifft auch ihre rhetorischen Fähigkeiten. Die Sache, und weniger die rhetorische Brillanz, steht im Mittelpunkt.

Beim Mannschaftssport oder bei der Gruppenarbeit im Unternehmen sind Pferde kooperativ, diszipliniert, zuverlässig und arbeiten für das Kollektiv, ohne sich besonders hervorzutun. **Teamgeist**, **Zusammenarbeit**, **Loyalität** und eine gute interpersonelle Kommunikation sind für sie wichtiger als Staralüren und ein Primadonna-Gehabe.

> Bei der horizontalen Beziehung (unter Kollegen) ist das Pferd der Repräsentant des idealen Mitarbeiters. Abgesehen von den individuellen charakterlichen Merkmalen – Pferde wurden schließlich keineswegs als Idealtyp geklont – ist es ziemlich schwierig, sich mit Pferden anzulegen.

Ihr Umgang mit Kollegen ist offen, loyal und integrativ. Aus diesem Grund werden Pferde oft als **Stütze des Teams** bezeichnet. In Sitzungen und Besprechungen mit Vorgesetzten und Kollegen sind sie meistens gut vorbereitet und ganz bei der Sache.

Charisma ist nicht unbedingt die größte Eigenschaft der Pferde

Pferde zählen nicht unbedingt zu den charismatischen Führungskräften. Politiker dieses Menschenschlages können diesen Mangel mit Zuverlässigkeit, Berechenbarkeit, Solidität, Beständigkeit, Kohärenz und Fleiß kompensieren. Sagt man nicht: „**Er schuftet wie ein Pferd.**"?

Wegen ihrer starken Selbstbeherrschung sind Pferde kaum angreifbar. Selbst einem aggressiven Gegner bieten sie selten eine Angriffsfläche. Es macht dem streitsüchtigen Angreifer wenig Spaß, eine solche Person, die verbalen Attacken von sich abprallen lässt, zu provozieren und frontal anzugreifen. Das ist eindeutig eine große Gabe der Pferde. Für den Kampf engagieren sie lieber resolute, entschlossene und offensivorientierte Partner. Ohne deren Unterstützung hätten selbst Pferde in schwierigen Situationen Probleme, sich zu behaupten.

In der Politik spielen Pferde auch als **Friedensstifter** eine wichtige Rolle. Ihre Besonnenheit und Ausgeglichenheit vermitteln Ordnung, Orientierung, Ruhe, Kontinuität und vor allem **Vertrauen.** Diese sehr positiven Ausprägungen können in ernsthaften Krisenzeiten jedoch an Bedeutung verlieren. Ihre nüchterne, pragmatische und bürokratische Herangehensweise können in Zeiten globaler Finanzkrisen und ernst zu nehmender terroristischer Gefahren von den Bürgern als Schwäche empfunden werden. In einer prekären Lage erwartet die Bevölkerung von diesen Politikern mehr Autorität und Machtdemonstration. Schaffen sie es nicht, das notwendige Durchsetzungsvermögen zu demonstrieren, sind sie zwangsläufig auf die Unterstützung von mächtigen und entschlosseneren Politikern (also von starken Hunden) angewiesen.

Bei Auseinandersetzungen überlassen Pferde das Bellen lieber den Hunden und – wenn nötig – auch das Beißen. In diesen Fällen ziehen sie sich eher zurück. Erst am Ende eines von ihnen initiierten Kampfes treten sie, sofern dieser gewonnen wurde, wieder als Sieger hervor.

Pferde besitzen eine recht signifikante **emotionale Intelligenz.** Besonders ausgeprägt ist ihr Selbstmanagement, d. h., die Kontrolle über die eigenen Gefühle und Handlungen. Hinzu kommt das Beziehungsmanagement, also das Verstehen und Beeinflussen von zwischenmenschlichen Beziehungen. Sie besitzen auch empathische Fähigkeiten, wie das Wahrnehmen und Verstehen von Gefühlen und Beziehungen anderer Individuen.

Pferde agieren gerne im **Monotasking-Modus**. Das erfordert eine hohe Konzentration ohne störende Ablenkungen und lästige Unterbrechungen. In diesem Modus arbeiten sie effizient. In einem Multitasking-Milieu mit unterschiedlichen, parallellaufenden Aufgaben und häufigem Themenwechsel fühlen sie sich unwohl und desorientiert. Ihre größte Motivation und Arbeitsleistung erreichen sie in geordneten Arbeitsverhältnissen mit klaren, linearen und zielorientierten Prozessen.

Wissen | Monotasking

Monotasking ist das Gegenteil von Multitasking. Der Begriff Monotasking setzt sich aus dem griechischen *mono*, „allein" oder „einzig", und dem Englischen *task*, „Aufgabe", „Tätigkeit", zusammen. Im Monotasking-Modus wird eine Aufgabe nach der anderen erledigt. Es finden keine Unterbrechungen oder Wechsel zu anderen Aktivitäten statt.

Das Ellenbogenverhalten ist keine typische Pferdeattitüde. Pferde streben keine Konfrontation an; sie schüren also keinen Streit, welcher – aus ihrer Sicht – zu einer wenig konstruktiven Auseinandersetzung führen würde. Wenn es in der Entscheidungsebene viele Pferde gibt, stehen Harmonie und sachbezogene Ziele im Mittelpunkt. Bei stark kontroversen Themen und konfrontativen Ansprechpartnern könnten sie u. U. zu beziehungsorientiert und zu konziliant wirken. Aus einer angestrebten *Win-win*-Situation kann so eine *Win-lose*-Situation entstehen.

Auf dem Papier scheinen Pferde die idealen Führungskräfte zu sein. Die beschriebenen positiven Charakteristika eines Pferdes kommen insbesondere bei der Konkretisierung bereits formulierter Ziele zur Geltung. Die ruhige Hand der Pferde, ihre passende verbale und nonverbale Kommunikation und ihre besonnene Führung sind eine notwendige, jedoch keine hinreichende Bedingung für eine leitende Position. Pferde sind so gut und dabei meist so unauffällig, dass die Gefahr besteht, dass ihre Mitarbeiter sie nicht wahrnehmen und daher auch ihre Fähigkeiten nicht optimal nutzen. Pferde leisten am meisten in ruhigen Gewässern. In turbulenten Zeiten kann man ihren berechenbaren, beständigen und zuverlässigen Führungsstil am besten nutzen, wenn sie gemeinsam mit Mitarbeitern unterschiedlicher Charakteristika im Team zusammenarbeiten.

Als Führungskraft favorisieren Pferde den **demokratischen Führungsstil**. Die Mitarbeiter können gerne ihre Meinung in das Gespräch einfließen lassen. Dies motiviert sie und sie können sich an ihrem Arbeitsplatz frei entfalten. Weil zahlreiche Personen am Entscheidungsprozess teilnehmen, dauern die Entscheidungen länger.

Angenehme Verhandlungspartner

Bei Verhandlungen orientieren sich Pferde am sogenannten **Harvard-Konzept**. Das heißt, sie sind bestrebt, Menschen und ihre Interessen (Sachfrage) getrennt voneinander zu behandeln. Ihr Fokus liegt auf den Interessen der Beteiligten und nicht auf ihren Positionen. Dank ihrer rationalen Orientierung versuchen sie, die Sachlage objektiv zu beurteilen. Die Suche nach Kompromissen entspricht ihrer harmonieorientierten Einstellung.

Das sollten Sie wissen!

»Die Aufrechterhaltung langfristiger und vertrauensvoller Beziehungen mit Mitarbeitern und externen Kunden ermöglicht es Pferden, stabile Verhältnisse auch auf internationaler Ebene zu schaffen. Dank ihrer Gelassenheit, Selbstbeherrschung, Ausgeglichenheit, Geradlinigkeit und Berechenbarkeit bieten Kontrahenten kaum Angriffsfläche. Pferde können, ohne nennenswerte charakterbedingte Anpassungen vorzunehmen, durchaus Teamverantwortung übernehmen.«

Es ist aber nicht auszuschließen, dass manche Mitarbeiter, Führungskräfte oder Kunden die feine, akkurate, fleißige und strebsame Art des Pferdes nicht mögen. Die Einschätzung dieser Merkmale ist jedoch subjektiv und marginal. Man kann Pferde-Typen keineswegs pauschal als schwierige Personen bezeichnen.

Überblick | prädominante Eigenschaften
des Menschentypus Pferd

» ruhig, überlegt
» hört aktiv zu
» strebsam
» fleißig
» akkurat
» Selbstkontrolle – verbal und nonverbal
» ausgleichend
» konstruktiv, kooperativ
» pragmatisch, sachlich
» provoziert nicht, lässt sich kaum provozieren
» unterbricht nicht, fällt nicht ins Wort
» berechenbar
» zuverlässig, risikoscheu
» entscheidet primär mit Verstand und weniger mit Gefühl
» zeigt selten Begeisterung und Emotionen
» empathisch
» loyal, integrativ
» bescheiden, wird oft unterschätzt

Körpersprache des Pferdes

Das Pferd hat seine Körperhaltung fast immer im Griff. Gang und Schritte sind regelmäßig und eher unauffällig. Die Sitzhaltung ist korrekt und ohne pointierte Dynamik. Die Beine nehmen keinen breiten Raum in Anspruch. Es ist bestrebt, mit dem ganzen Körper Eintracht und Respekt, also keine Übermacht, zu demonstrieren. Der Händedruck des Pferdes ist fest, aber nicht dominant. Seine Handbewegungen betonen mehr das Vertrauen in eine Zusammenarbeit als die Kampflust. Selten richtet ein Pferd seinen **Zeigefinger** und seine pistolenförmige Fingerhaltung auf andere Menschen. Der Augenkontakt ist passend, also weder zu intensiv noch zu lang und keineswegs bedrohlich.

Das sollen Sie wissen!

Wegen der beschriebenen Körperbeherrschung des Pferdes gibt es kaum auffällige nonverbale Signale. Abgesehen von einigen eher dezenten Gesten unterstreicht das Pferd seine Contenance sowohl verbal als auch nonverbal.

Männliches vs. weibliches Verhalten

Bei den Pferden gibt es keine genderspezifischen nonverbalen Merkmale, die relevant wären. Aufgrund ihrer guten Körperbeherrschung und ihrer ruhigen, berechenbaren und harmonieorientierten Einstellung sind mehr Gemeinsamkeiten als Unterschiede zwischen Mann und Frau zu konstatieren.

Überblick | männliche und weibliche Pferde-Typen

männlich	weiblich
ruhig	
eher unauffällig	
Selbstkontrolle, leise	
unterbricht nicht	
nonverbale Signale nicht eindeutig	nonverbale Signale noch weniger eindeutig

nicht immer leicht zu decodieren	noch schwerer zu dekodieren
Augenkontakt angenehm	Augenkontakt angenehmer
harmonieorientierte Sprache und Körperhaltung	
korrekte Kleidung	dezente Kleidung
fester Händedruck	eher weniger fester Händedruck
Gang sicher, aber unauffällig	
zeigt kaum Zähne	zeigt selten Zähne
lächelt selten	lächelt öfter
kein Mittelpunktmensch	noch weniger Mittelpunktmensch
strebsam	noch strebsamer
konstruktiv, kooperativ, integrativ	
pragmatisch, zielorientiert	

Umgang mit dem Menschentyp Pferd

In Anbetracht zahlreicher positiver Attribute dieses Menschentyps ist der Umgang mit einem Pferd relativ einfach. Lediglich singuläre Verhaltensunterschiede können die Beziehung mit Pferden mehr oder weniger intensiv beeinflussen. Auch unter Pferden gibt es verschiedene und divergierende Verhaltensmuster, etwa hinsichtlich Eloquenz, Souveränität, Dynamik, Selbstbeherrschung, Durchsetzungsvermögen, welche unerwartete Reaktionen hervorrufen können. Nicht alle Pferde sind grundsätzlich kooperativ.

Bei Streitgesprächen in Stresssituationen wirkt dieses Verhalten positiv auf die Gruppenstimmung und die Kollegen. Die Präsenz eines besonnenen Pferdes als Gesprächskoordinator und, wenn nötig, als Mediator ist insbesondere bei kontrovers diskutierten Angelegenheiten zu empfehlen. Das Pferd wirkt in dieser Rolle glaubwürdig.

Das sollten Sie wissen!

»Bei schwierigen Gesprächen mit Kollegen und Mitarbeitern und bei Verhandlungen mit externen Kunden sind Pferde sowohl beziehungs- als auch sachaffin. Das ist eine ideale Kombination für den Aufbau langfristiger Beziehungen. Ihre Herangehensweise inkludiert die Interessen aller Beteiligten.

Sie reden und verhandeln strukturiert, effektiv, konkret, ohne die menschliche Komponente zu vernachlässigen. Daher sind die erzielten Vereinbarungen solide und nachhaltig. Pferde besitzen die Fähigkeit, Spannungen abzubauen, ein Vertrauensverhältnis herzustellen und langfristige Verbindungen aufzubauen. Sie sind also unverzichtbar, um Verhandlungen konstruktiv durchzuführen.«

Pferde und andere Tiertypen funktioniert gut

Dank ihrer sachlichen, pragmatisch- und gleichzeitig harmonieorientierten Einstellung und Vorgehensweise dienen Pferde als ideale komplementäre Unterstützung für Menschentypen mit anderen bzw. konträren Charaktereigenschaften, wie Hunde, Affen, Breitmaulfrösche, Giraffen und Füchse. Die integrative Rolle des Pferdes kann durch einen entschlossenen Hund übernommen werden. In dieser Symbiose fühlen sich Pferde im Umgang mit diesen herausfordernden Tiertypen wohl; sie wirken authentisch und sind imstande, auch eine schwierige Lage souverän zu meistern. Auf der anderen Seite ist die Präsenz eines oder einiger dezidierter und durchsetzungsorientierter Menschen bei stark kontrovers geführten Auseinandersetzungen notwendig. Sie übernehmen spontan die Rolle der *bad guys*, welche dem besonnenen und überlegten Pferd nicht unbedingt liegt. So kann es auch von den anderen Menschentypen profitieren.

Darauf sollten Sie bei Pferden achten!

Überblick | das sollten Sie im Umgang mit Pferden beachten

» Pferd auf keinen Fall ignorieren

» seine konkrete, ruhige, besonnene und überlegte Haltung nutzen

» es gezielt in das Gespräch integrieren

» seine Zuverlässigkeit und Zielstrebigkeit nutzen

» es als Partner gewinnen

» Unterbrechungen vermeiden

» es als Mediator/Vermittler – und wenn nötig – als Friedenstifter engagieren

» bei manchen heftigen und heiklen Gesprächen und Verhandlungen braucht es die Unterstützung eines dezidierten Partners, der die Rolle des *bad guy* übernimmt

» seine Loyalität zum Unternehmen und integrative Neigung in der Gruppe nutzen

» es für den Auf- bzw. Ausbau langfristiger Beziehungen beauftragen

» Schaffung eines angenehmen Arbeitsklimas

» die Präsenz eines klassischen Pferdes als Integrationsfaktor anderer Tiertypen und mannigfaltigen Situationen ist zu empfehlen

» Motivation durch: Wertschätzung, Inklusion, Verantwortung, Beziehungspflege, Realisierung langfristiger Ziele, Schaffung harmonischer Verhältnisse

Checkliste | Fehler, die Sie bei Pferden vermeiden sollten

» keine visuelle Kommunikation

» es ignorieren und exkludieren

» sich auf Hunde, Breitmaulfrösche, Affen und Giraffen konzentrieren

» Ungeduld zeigen

» ihm ins Wort fallen, es abrupt unterbrechen

» ihm das Wort nicht erteilen

» bei emotionsgeladenen Gesprächen und Auseinandersetzungen es nicht in die Diskussion integrieren

» unnötigen Streit suchen

» selektiv zuhören

» unsachlich und inhaltsarm argumentieren

» unsystematische und unproduktive Vorgehensweise, Arbeitsweise

» keine konkreten Ziele haben

» überflüssige Emotionen und Impulsivität

» es als Streber und Perfektionisten titulieren

» seine Fähigkeiten unterschätzen

» keine Anerkennung

» nur für kurzfristige, einfache und Routinetätigkeiten engagieren

Menschentyp »Affe«
– zappliger Ideengeber

prädominante Eigenschaften:
hyperaktiv, ungeduldig, sprunghaft, innovativ

Was Sie vorab über Affen wissen sollten!

Die Affen (*Anthropoidea Simiae* oder *Simiiformes*), auch als „Eigentliche Affen" oder „Höhere Primaten" bezeichnet, sind eine zu den Trockennasenprimaten gehörende Verwandtschaftsgruppe der Primaten. Im Deutschen wird der Begriff „Affe" auch als Schimpfwort gebraucht; die Verkleinerungsform „Äffchen" findet als (herablassendes) Kosewort sprachliche Verwendung. Das Adjektiv „affig" hat verschiedene, ausschließlich negative Bedeutungen. Es kann eitel, eingebildet, arrogant, gekünstelt, albern, dumm oder lächerlich bedeuten. Jemanden zu „äffen" heißt, ihn hinters Licht zu führen, zu täuschen. Eine Person „nachzuäffen" bedeutet, diese veralbernd und übertrieben nachzuahmen. In anderen Kulturen hingegen galten oder gelten manche Affenarten als besonders weise und klug. Sie werden sogar als heilige Tiere verehrt, so die Mantelpaviane im Alten Ägypten oder die Hanuman-Languren im Hinduismus.

Es gibt jedoch zusätzliche interessante Assoziationen mit dem Menschentypus Affe:

» So wie der Affe im Dschungel sich behände von Ast zu Ast hangelt, so springt – im übertragenen Sinn – der Mensch mit den Charakteristika des Affen leicht und sehr häufig von Argument zu Argument.

» Der Affe ist **Multitasker** und ein ungeduldiger Mensch.

» Der Affe ist die **hyperaktive** Person par excellence. Er sitzt ungern, bewegt ständig seinen ganzen Körper, lässt seinen Blick schweifen; er strahlt Dynamik aus und, je nach Affen-Typ und Situation, auch Hektik.

» Es fällt ihm ziemlich schwer, sich für eine relativ lange Zeit auf eine Sache zu konzentrieren.

» Er ändert leicht und oft seine Gedanken und wechselt auch ebenso rasch seine Gesprächspartner. Er kann Unruhe verbreiten. Sein Verhalten kann auf andere anstrengend und sogar irritierend wirken.

Das sollten Sie wissen!

»Früher hat man ein derart unruhiges Kind als Zappelphilipp tituliert. Ohne weiter in die Medizin einzudringen, zeigt sich, dass Personen des Typus Affe, Merkmale aufweisen, die für ADHS typisch sind. Insbesondere Hyperaktivität und Aufmerksamkeitsstörungen sowie selektives Zuhören und eine auffällig starke körperliche Aktivität sind affenspezifische Eigenarten.«

Mit seiner **Multitasking-Attitüde**, **Innovationsorientierung**, **Ungeduld** und seinem leichten Umgang mit elektronischen Endgeräten fordert er insbesondere Kollegen und Führungskräfte anderer Generationen heraus.

Dieses Verhalten nimmt in der modernen digitalisierten Gesellschaft zu. Betroffen sind nicht nur Jugendliche, sondern auch Erwachsene.

Hyperaktivität, Unruhe und Konzentrationsschwäche sind keine neuen Phänomene, jedoch ist die Tendenz, mehrere Aufgaben gleichzeitig zu erledigen (Multitasking), spürbar. Dies ist u. a. auf die übermäßige Nutzung digitaler Geräte zurückzuführen. Affen verbringen überdurchschnittlich viel Zeit mit diesen Instrumenten und werden leichter abhängig als andere Menschentypen.

Dieses ständige Bedürfnis, sich mit mehreren digitalen Medien oder anderen Gegenständen gleichzeitig zu beschäftigen, führt laut M. Spitzer zu Konzentrationsstörungen.[2]

Der Menschentyp Affe hat eine starke Vorliebe für elektronische Neuheiten und identifiziert sich diesbezüglich mehr mit den **Digital Natives** als mit den *Digital Immigrants*; auch der Affe im reiferen Alter. Am Arbeitsplatz bringt der Affe eine ausgeprägte **Innovationsorientierung** und **Freude am Experimentieren** mit.

Immer auf dem neusten Stand mit Smartphone-Applications

Der Affe kauft für sein Smartphone oder andere digitale Endgeräte die allerneuesten Apps und elektronischen Spiele. Bei all diesen *Applications* und unzähligen digitalen Wahlmöglichkeiten können diese Menschen nicht mehr zwischen wichtig und unwichtig, zwischen dringend und nicht dringend unterscheiden. Es muss **alles sofort beantwortet** oder erledigt werden. Diese Individuen haben eine panische Angst davor, etwas zu verpassen. Insbesondere hyperaktive Affen schauen ständig auf den Bildschirm ihres PCs oder auf das Display des Smartphones, auch wenn es dafür keinerlei Veranlassung gibt. Sie tun dies aus Gewohnheit und Langeweile. Sie leben im sogenannten **digitalen Dauerstress**.

Die exzessive Nutzung von elektronischen Geräten und immer schnelleren und interessanteren Programmen begünstigt die sprunghafte Denk- und Verhaltensweise echter Affen. Diese *Digital Devices* (digitale Geräte) bieten eine Fülle wichtiger Informationen und nützlicher Hinweise. Sie liefern sehr schnell die gesuchte Antwort auf fast alle Fragen und Probleme. Der Benutzer erhält in wenigen Sekunden die gewünschten Informationen und Problemlösungen, ohne die Eltern, Freunde, Lehrer, Professoren, Kollegen oder die Vorgesetzten fragen zu müssen. Wenn aber der Affe auf die Meinung und Stellungnahme seiner Mitmenschen angewiesen ist, wird er schnell ungeduldig und unruhig. Er möchte sofortige Antworten bekommen, und dies am liebsten, ohne die Gründe oder Ursachen zu erforschen. Nur rasche Ergebnisse sind gefragt. Der Ansprechpartner muss ebenso schnell reagieren wie der Computer. **Rapidität** und unendlich großes Informationsvolumen erleichtern die horizontale (quantitative) Recherche; dies geht meist auf Kosten der (qualitativen) Tiefe. Insbesondere Menschen mit einer Affinität zum Multitasking favorisieren die leicht zugänglichen Informationsbeschaffungsmöglichkeiten. Profunde und arbeitsintensive Nachforschungen sind ihnen zu langwierig und zu anstrengend.

Immer erreichbar sein, Angst etwas zu verpassen

Affen lassen sich leicht ablenken. Schon die Wahrnehmung eines akustischen, mechanischen oder visuellen Signals des Smartphones wirkt als Ablenkung und hat Aufmerksamkeitsverlust zur Folge. Der Signalempfänger ist daher ständig mit dem Dilemma „antworten oder ignorieren" konfrontiert. Dieses Phänomen ist in der heutigen digitalisierten und vernetzten Gesellschaft zwar weit verbreitet. Jedoch führt dies insbesondere bei den für diese Verhaltensweise anfälligen Affen zu einer **Dauerbeschäftigung** mit digitalen Instrumenten.

> Das permanente mentale Springen, die zahlreichen Gespräche und die häufigen Unterbrechungen durch Telefonate, Mails, WhatsApp oder mehrere parallel laufende Computer scheint bei dem hyperaktiven Affen-Typus kein großes Verhaltensproblem zu sein.

Auch während er intensive Gespräche führt, sucht der dynamische, wendige und sprunghafte Affe die passenden Antworten und Gegenargumente mit seinen digitalen Geräten. Hat er die gewünschten Informationen erhalten, initiiert und führt er gerne das Gespräch. Trotz oberflächlichen Wissens geriert er sich, wenn die Gelegenheit günstig ist, als **Besserwisser**. Man sagt auch „Je höher der Affe steigt, desto mehr er den Hintern zeigt."

Das Verhalten des Affen-Typus unterstreicht insbesondere die emotionalen Präferenzen und Verhaltensvariablen, die Veränderungen bzw. Innovationen, die Einzigartigkeit und Kreativität.

Schwach ausgeprägte emotionale Intelligenz

Der Führungsstil und die schwach ausgeprägte **emotionale Intelligenz** eines typischen Affen finden in der einschlägigen Literatur kaum Erwähnung. Nach Goleman ist die emotionale Intelligenz eine der bedeutendsten Eigenschaften einer Führungskraft. So betrachtet, scheint der Affe nicht die klassischen Führungsqualitäten zu besitzen. Wie auch andere Tier-Menschen-Typen kann der Affe diese **Schwäche** jedoch durch andere für die Führung wichtige Merkmale kompensieren. Dazu gehören Initiative, Innovationsorientierung, positiver Umgang mit Veränderungsmanagement, Offenheit, Enthusiasmus und eine gewisse Motivationskraft.

Kein leichter Verhandlungspartner

Bei langen und intensiven **Verhandlungen** agiert der Affe meist hyperaktiv, spontan und wenig überlegt. Vor lauter neuen Inputs, Ideen und unstrukturierten Gedanken vermisst man die Inhaltsfokussierung und Themenpriorisierung. Daher sind sogar vorzeitige Ermüdungserscheinungen der Verhandlungspartner nicht auszuschließen. Die hohe Frequenz beim Wechsel von Argumenten und die beträchtliche Anzahl der zu behandelnden Themen sind die häufigsten Erschöpfungsursachen und Stress der Ansprechpartner.

Das sollten Sie wissen!

»Der berühmte Satz von P. Watzlawick, „Man kann nicht *nicht* kommunizieren", behält auch für die hyperaktiven Affen seine Gültigkeit. Aber die Kommunikation mit diesem Menschenschlag kann ein anstrengendes Unterfangen sein. Dadurch, dass der Sender (Affe) nur auf seine langen, sprunghaften Monologe fokussiert, wird der Dialog in Mitleidenschaft gezogen. Für den Empfänger eine harte Prüfung! Ob Affen immer als schwierige und anstrengende Mitmenschen, Führungskräfte, Mitarbeiter oder Kunden bezeichnet werden, sei dahingestellt. Das hängt von der Sicht des Betrachters ab.«

Die Darstellung des Affen-Typus ist, wie auch die Beschreibung der anderen Tiermetaphern, bewusst plakativ. Es muss daher betont werden, dass nicht jeder hyperaktive Mensch automatisch konzentrationsschwach, sprunghaft und oberflächlich ist.

Überblick | prädominante Eigenschaften des Menschentypus Affe

» hyperaktiv

» unruhig, ungeduldig

» sprunghaft, leicht ablenkbar

» Multitasker

» kurze Konzentrationsdauer

» hört selektiv zu

» horizontales (oberflächliches) Wissen

» unterbricht, fällt oft ins Wort

» vom Smartphone abhängig

» unterscheidet kaum zwischen wichtig/unwichtig, dringend/nicht dringend

» keine Prioritätensetzung

» immer erreichbar, Angst etwas zu verpassen

» neugierig, innovativ

» redet gerne

- » schnell, hektisch
- » anpassungsfähig
- » immer auf dem neuesten Informationsstand
- » Mittelpunktmensch, oft Besserwisser
- » Empathie wenig entwickelt
- » kaum Körpersprachebeherrschung

Körpersprache des Affen

Die Überaktivität des Affen ist sehr auffällig. Sein Schreibtisch mit Computer und Bildschirmen ist voller Papier und Utensilien aller Art. Nicht fehlen dürfen einige permanent eingeschaltete Smartphones. Interessant ist seine ewige Suche nach irgendeiner Beschäftigung. Er schreibt am Computer, lässt den Fernseher an, hört Musik, fasst ständig sein Smartphone an, schaut darauf, redet mit Kollegen und telefoniert. Dabei ist der Körper in permanenter Bewegung, vor allem Arme und Kopf. Er zappelt häufig mit den Beinen, schaut auf die Personen im Raum sowie auf die umliegenden Gegenstände. Seine dynamische Körperlebhaftigkeit ist so abrupt und schnell wie seine unzähligen Argumente. Er handelt ebenso rasch, wie er gestikuliert.

Das sollten Sie wissen!

»Interessant ist sein Verhalten in der Gruppe: Als Mittelpunktmensch versucht er mit allen Mitteln, die Aufmerksamkeit der anderen an sich zu reißen. Dabei zieht er sämtliche verfügbaren Kommunikationsregister: Mimik, Gestik und Stimme. Die Körperhaltung des Affen gleicht einem *Perpetuum mobile* das von ihm auf die anwesenden Personen gerichtet wird. Der intensive Blickkontakt komplettiert die dynamische nonverbale Kommunikation des Affen-Typus. Seine Meinungen und Behauptungen bekräftigt er durch ausdrucksstarke Gesten und eine kräftige Stimme. Je nach Kontext sucht er den Körperkontakt. Eine solche taktile Kommunikation wird aber nicht immer und nicht von jedem als angenehm und freundschaftlich empfunden. Treffen einige reinrassige Affen aufeinander, dann wird es spannend.«

Männliches vs. weibliches Verhalten

Die Unterschiede zwischen weiblichen und männlichen affenaffinen Menschen sind nicht evident.

> Bei den Frauen sind die Gesten subtiler, die Körperhaltung weniger auffällig und die Stimme etwas leiser. Das Sprechtempo ist bei femininen und maskulinen Affen gleich hoch.

Die Mimik ist fast identisch, auch wenn der Blickkontakt von Frauen angenehmer erscheint. Ihr Streben danach, in den Mittelpunkt zu geraten, wirkt dezenter. Die anderen Merkmale weisen keine relevanten genderspezifischen Unterschiede auf.

Überblick | männliche und weibliche Affen-Typen	
männlich	**weiblich**
hohes Sprachtempo	
Multitasking, hyperaktiv	
ungeduldig, unruhig	
hasst Routine, kreativ, innovationsorientiert	
liebt Veränderungen	
ausgeprägte Digital-Native-Attitüde	
stark vernetzt, immer erreichbar	
streben nach Mittelpunkt stark ausgeprägt	
ADHS-Orientierung auffällig	ADHS-Orientierung wenig auffällig
Gesten und Blickkontakt evident	Gesten und Blickkontakt subtiler
Benutzung mehrerer digitaler Geräte auffällig	Benutzung mehrerer digitaler Geräte subtiler

Umgang mit dem Menschentyp Affe

Menschen vom Typ Affe können ihre Fähigkeiten am besten in **kreativen Bereichen** und Funktionen entfalten. Werden sie hingegen permanent mit logik-, system- und strukturaffinen Prozessen konfrontiert sowie mit Freunden oder Kollegen mit klarer, rigider und überschaubarer Denk- und Vorgehensweise, können durchaus Spannungen entstehen. Für solche Kollegen, in der Regel Menschen mit einer auffälligen Prädisposition für Monotasking, z. B. Naturwissenschaftler, Ingenieure, Techniker, Controller, Verwaltungsexperten, sind typische Affen keine leichten Partner. Mehr noch: Sie können für die Monotasker überaus anstrengend und stressig sein. Während diese ziel-, zeit-, prozessorientierte und rigide Vorgehensweisen lieben, favorisieren Affen **flexible Arbeitsprozesse**. Dabei können sie ad hoc mit neuen Ideen und Vorschlägen intervenieren.

> Bei komplementären Tätigkeiten sind die Chancen für eine fruchtbare Zusammenarbeit am größten. Eine solche Kooperation funktioniert nur, wenn die involvierten Akteure die Eigenschaften der anderen Seite als ergänzendes Element anerkennen, sich gegenseitig respektieren und ein stabiles Vertrauensverhältnis herstellen. Kommt das nicht zustande, ist die ersehnte fruchtbare Zusammenarbeit gefährdet.

Spannung mit Ingenieuren, Technikern

Allgemein betrachtet können bei der Arbeit Differenzen aufgrund ganz unterschiedlicher Ursachen entstehen. Ein häufiger Grund für so manche Divergenzen ist die Zusammensetzung verschiedenartiger bzw. konträrer Charaktere. Ist die Führungskraft ein *typischer* Ingenieur und der Mitarbeiter ein typischer Affe, sind Inkompatibilitäten vorprogrammiert.

Wissen | Ingenieur

Es wird die Bezeichnung Ingenieur verwendet, weil der Verfasser langjährige Erfahrungen speziell mit Maschinenbauern gemacht hat.

Es geht also nicht um den akademischen Titel, sondern vielmehr um Menschen, die gut strukturierte und klar formulierte Ziele, Arbeitsprozesse sowie konkrete Vorgaben lieben und erfolgreich anwenden.

Weil der Affe nicht unbedingt das Durchsetzungsvermögen eines Hundes besitzt, ordnet er sich unter. Trotz seiner großen Adaptationsfähigkeit tut er sich extrem schwer damit, vorgeschriebene, rigide Arbeitsprozesse zu akzeptieren. Denn dies entspricht nicht seiner persönlichen Attitüde. Die Führungskraft kann ihn mit einer klaren Zielformulierung und einer flexiblen Vorgehensweise am besten motivieren. Wichtig ist es, sein Talent für Innovationen zu fördern und ihn nicht auszubremsen. Eine Organisation kann von der Dynamik eines gebildeten Affen und seinem Interesse für das Neue profitieren. Man muss Affen-Typen experimentieren und arbeiten lassen. Sie brauchen nämlich eine konstante Beschäftigung und die stete Herausforderung: zwei für die Organisation wichtige Qualitäten.

Als zusätzliche Motivationsimpulse für Affen gelten **Brainstormings**. Dank ihrer Multitasking-Affinität fungieren sie als gute und aktive **Innovationslieferanten**. Die Selektion der von ihnen vorgeschlagenen Ideen sollte jedoch nicht den Affen überlassen werden, weil sie ihre Vorschläge und Ideen immer für gut und praktikabel halten. Für diese Aufgabe ist die aktive Mitwirkung eines Pferdes oder eines Mitmenschen mit einer ausgeprägten Anwendungsorientierung zu empfehlen. Auf diese Weise entsteht eine perfekte Symbiose und eine spannungsarme oder – warum nicht – spannungsfreie Arbeitsatmosphäre.

Das sollten Sie wissen!

»In einem Unternehmen gibt es verschiedene Funktionen und Tätigkeiten, die unterschiedliche Arbeitsweisen erfordern. Effektivität und Kreativität sind nicht als Gegensätze, sondern als passende Ergänzung zu betrachten. Die Führungskräfte sollten *echten* Affen die Möglichkeit geben, ihre kreative Begabung zu entfalten.

Das kann durchaus in einem Multitasking-Modus erfolgen. Andere Aufgaben und Arbeitsprozesse benötigen dagegen klare, strikte Strukturen und ein überschaubares Prozedere ohne ständige Ablenkungen und Unterbrechungen. Das ist in einem Monotasking-Modus besser zu verwirklichen. In diesem Fall sollten sich auch die hyperaktiven und leicht ablenkbaren Affen zusammenreißen und sich auf eine oder wenige Aufgaben konzentrieren. Für einen solchen limitierten Zeitraum müssen alle nicht zielkonformen Beschäftigungen mit digitalen Geräten – insbesondere die Benutzung von Smartphones – untersagt werden.

Es ist die primäre Aufgabe einer Führungskraft, die unterschiedlichen Qualitäten ihrer Mitarbeiter – Effizienz und Kreativität – ideal zu integrieren, um so den maximalen Erfolg zu erzielen.«

Wann und wie Affen mit Pferden und komplementären Tiertypen gut funktionieren

Ist der Chef selbst ein typischer Affe und seine Mitarbeiter Ingenieure bzw. Techniker, müssen sie auf seine hyperaktive und sprunghafte Arbeitsweise voller neuer Ideen und Ziele vorbereitet sein. Kommunikation und Zusammenarbeit können durch die beschriebenen Ergänzungen optimiert werden.

Bei Verhandlungen können seine Ungeduld, das selektive Zuhören und die Tendenz, viele oder zu viele Themen zeitnah zu behandeln, einen Verhandlungspartner regelrecht überfordern. Hinzu kommt seine nur schwach ausgebildete Fähigkeit, argumentative Prioritäten zu setzen – wichtig vs. unwichtig; dringend vs. nicht dringend –, was den strukturaffinen Zuhörer verwirren kann. Weil die Empathie nicht unbedingt zu den Stärken des Affen gehört, kommt es leicht zu Missverständnissen und Fehlinterpretationen.

Die rasante Verbreitung elektronischer Kommunikationsinstrumente hat die klassische *Face-to-Face*-Geschäftsverhandlung teilweise ersetzt. Für bestimmte Standardprodukte oder Dienstleistungen mit moderatem Beratungsbedarf werden die physischen Begegnungen zwischen Anbieter und Käufer seltener oder manchmal überflüssig. Sie werden von Computern ersetzt. Der technologieaffine und innovationsorientierte Affen-Typus könnte hier einen guten Beitrag bestimmter Geschäftsabwicklung liefern. Obwohl dieser Trend nicht unbedingt affenspezifisch ist, scheinen diese Menschentypen für solche Tätigkeiten prädestiniert zu sein. Das ist für sie ein entscheidender Motivationsfaktor.

> Selbst wenn der Affe eine klare Struktur/Vorgehensweise mit genaueren Prioritäten besitzt, tendiert er spontan dazu, diese zu ignorieren oder ihr, im besten Fall, nur teilweise zu folgen. Wegen seiner Flexibilität kann er durchaus neue Gliederungspunkte hinzufügen und vorhandene beseitigen. Das muss aber nicht unbedingt negativ, sondern kann situativ sogar notwendig und hilfreich sein.

In einer solchen Situation benötigt der affenaffine Verhandler die Unterstützung eines komplementären Menschentyps. Vorgehensweise, Zielorientierung, Flexibilität und Kreativität können abwechselnd von Pferd und Affe eingesetzt werden. Jeder Verhandlungsteilnehmer fühlt sich dabei wohl, verhält sich authentisch und fungiert als integrative Kraft für seinen Partner.

Das funktioniert nur bei gegenseitigem Vertrauen. Voraussetzung ist das Respektieren und Anerkennen der je unterschiedlichen Eigenschaften sowie das Verständnis für ihre integrierende Funktion. Beide, Affe und Pferd, sollten also von der Notwendigkeit eines komplementären Tandemmitglieds überzeugt sein.

Darauf sollten Sie bei Affen achten!

Überblick | das sollten Sie im Umgang mit Affen beachten

» Zeitmanagement einführen und anwenden

» Sitzungen und Arbeitsabläufe formulieren und strukturieren

» klare, eindeutige Ziele

» Ausschweifungen limitieren

» in Sitzungen Gesprächsführung und Initiative behalten

» seinen Spielraum limitieren

» Vereinbarungen schriftlich resümieren

» Aufgaben priorisieren

» Balance zwischen Sach- und Beziehungsorientierung

» Neugierde, Kreativität, Flexibilität und Innovation des Affen nutzen

» Einführung von Mono- und Multitasking-Modi

» Affen für Brainstorming und Ideenfindung einsetzen

» rechtszeitig in Arbeitsprozesse integrieren

» Fortschritte und gute Ergebnisse lobend erwähnen

» Coach oder Mentor mit komplementären Eigenschaften (Pferd)

» Motivation durch: kreative, innovative, technologie- und multitasking-affine Aufgaben, vernetzte Tätigkeiten. Geplantes und spontanes Feedback, Sinn und Zweck der Aufgaben erklären.

Checkliste | Fehler, die Sie bei Affen vermeiden sollten

» Vorurteile gegenüber Multitasking-Verhalten

» keine klare und konsequente Führung

» Affe nicht ernst nehmen

» seine zahlreichen Ideen und Vorschläge kategorisch ablehnen

» Stärken des Affen ignorieren oder nicht adäquat nutzen

» Sinn und Zweck der Tätigkeiten unklar oder gar nicht definiert

» kein oder wenig Entfaltungsspielraum

» keine Feedbackkultur

» keine Wertschätzungen, kein Lob

» keine Unterstützung durch Mentoring und Coaching

» Affen primär mit Routineaufgaben beschäftigen

» kein Verständnis für das Experimentieren und häufige Veränderungen

» arbeiten nur im Monotasking-Modus

» kein Coach oder Mentor

Menschentyp »Breitmaulfrosch«
– redseliger Kumpeltyp

prädominante Eigenschaften:
redselig, neugierig, hört selektiv zu, kontaktfreudig

Was Sie vorab über Breitmaulfrösche wissen wollten!

Der botanische Name des Seefrosches (*Rana ridibunda*), auch lachender Frosch genannt, ist uns vor allem aus dem lustigen Froschkonzert bekannt, denn so lautstark verständigen sich diese kleinen Amphibien untereinander, besonders zur Paarungszeit. Wenn alle Froscharten sich mit gleichen Lauten verständigen würden, gäbe es ein Chaos bei der Paarung. So hat jede Art einen speziellen Ruf entwickelt, sie geben unterschiedliche Töne von sich. Das Gequake dient auch dazu, das eigene Revier gegenüber Rivalen abzugrenzen.

Der Frosch-Typus möchte gerne im Mittelpunkt stehen. Er ist übermütig, will sich von anderen abheben. Und: Er bläst sich oft auf, um dem Gegenüber zu imponieren. Manchmal kann er regelrecht „platzen".

» Der Breitmaulfrosch hat, wie das Wort schon besagt, eine **überproportionale Maulgröße**. Dies ermöglicht es ihm, viel und ausdauernd zu quaken.

» Zu bestimmten Jahreszeiten quaken Breitmaulfrösche fast kontinuierlich. Ihr Quaken kann als angenehm und schön empfunden werden.

» Bei den breimaulfroschaffinen Menschen klingt dieses Quaken wie ein Quengeln, was einem Zuhörer ziemlich auf die Nerven gehen kann.

» Die Lieblingsbeschäftigung des Breitmaulfrosch-Typus ist primär das Reden und Erzählen.

» Er besinnt sich auf seine sprachlichen Fähigkeiten und versucht auf diese Weise, die Anerkennung von Freunden und Kollegen zu bekommen.

Sein überdimensioniertes Maul unterstreicht sein Redenbedürfnis

Diese Menschentypen lieben das **Palavern** – und zwar gänzlich unabhängig von ihrem Kenntnisstand und dem jeweiligen Kontext. Sie mischen sich ständig in Diskussionen und Auseinandersetzungen ein, auch wenn sie wenig mit dem Inhalt vertraut sind. Hauptsache, sie können am Gespräch teilnehmen.

Geht ein Breitmaulfrosch auf jemanden zu, fängt er oft mit dem Standardsatz an:

» „**Ganz kurz** ...!" oder

» „Warte doch mal schnell ...!"
(Wie eine Person schnell warten kann, wird ein ewiges Rätsel bleiben!)

Seine Intention ist es, den Ansprechpartner nicht zu verschrecken und ihn für ein angeblich kurzes Gespräch, das dann gern in einen langwierigen Monolog mündet, zu gewinnen.

Breitmaulfrösche haben ein eigenartiges **subjektives Zeitmanagement**. Solange sie reden und erzählen, ist der Faktor Zeit ein relativer Begriff. Sobald sie das Gefühl haben, dass der Zuhörer wenig Interesse am Gespräch zeigt und zu fliehen versucht, erhöhen die Frösche das Sprechtempo, stellen einen intensiveren Augenkontakt her und reduzieren Häufigkeit und Länge der Atempausen auf ein Minimum. So können sie schwer unterbrochen werden. Ihr Redefluss ist dadurch gerettet und der Zuhörer gefangen.

Am meisten lieben sie Monologe

Diese redseligen Menschen kommen nur über zahlreiche und zusammenhanglose Umwege zum Punkt.

> Am liebsten schmücken sie ihre langen Erzählungen mit unwichtigen und nicht zielführenden Nebensätzen und Anekdoten. Der Zuhörer hat Mühe, das Wichtige vom Unwichtigen zu unterscheiden.

Diesen ausdauernden und intensiv monologisierenden Rednern zu folgen, kann anstrengend, zuweilen gar überaus stressig sein. Wegen ihrer bemerkenswerten Redeintensität und Rededauer sind sie primär mit ihren eigenen Erzählungen beschäftigt, sodass sie **extrem selektiv zuhören**. Sie besitzen jedoch die Fähigkeit, aus sporadisch wahrgenommenen Informationen lange Gespräche zu konstruieren.

Wie effektiv kommunizieren und kooperieren die Breitmaulfrösche?

Unterhaltsame Gespräche zwischen zwei redseligen Arbeitskollegen sind meist amüsant, banal und oberflächlich. Die langen Diskussionen sind zeitraubend, weil sie auf Kosten der Arbeit gehen. Bei intensivem Informationsaustausch leidet die Arbeitseffektivität. Zudem erhöhen sie die Spannungen mit anderen Kollegen, die sich nicht selten gezwungen sehen, manche Aufgaben der Frösche nun selbst zu erledigen.

Die Kommunikation und Zusammenarbeit zwischen Breitmaulfröschen und Kollegen anderer Tiertypen birgt ein weiteres Problem. Weil die Froschgespräche meist zu lang, zu inhaltsarm, oberflächlich und nicht zielführend sind, werden sie von den anderen Tieren wie Hunden, Giraffen, Füchsen und Affen als lästig und anstrengend empfunden. Nicht selten meiden sie die Breitmaulfrösche, die sich dann isoliert und von diesen abgestoßen fühlen.

Ihr Verlangen nach verbalen Kontakten ist enorm. Die Tiefe des Themas ist hingegen sekundär. Ist das Gespräch einmal hergestellt, übernehmen Breitmaulfrösche rasch die Gesprächsführung. Ob der Ansprechpartner interessiert ist oder nicht, spielt kaum eine Rolle. Empathie ist gewiss nicht die Stärke der Frösche. Speziell ältere Menschen haben ein gewisses Repertoire an belanglosen und langwierigen Geschichten, die sie immer wieder neu aufrollen und wiederholt erzählen.

Schwäche bei Gesprächsstruktur und Zeitmanagement

Hält der Breitmaulfrosch eine **Rede**, hat der Zuhörer meist Probleme mit seiner verwirrenden Vortragsweise. Auch ist dessen Fähigkeit zum Zeitmanagement nur rudimentär entwickelt. Selbst geübte Zuhörer tun sich schwer, ihm zu folgen. Der Breitmaulfrosch vermischt die klassische Struktur einer Rede – Einführung, Erzählung, Argumentation, Finale – regelrecht. Dabei ist es unerheblich, ob er frei redet, seinem Manuskript folgt oder eine PowerPoint-Präsentation vorführt. Er schafft es sogar, schriftlich akkurat vorbereitete Referate mit zusätzlichen Kommentaren, Anekdoten oder simplen Ausschweifungen zu füllen. Dabei überzieht er regelmäßig die vorgegebene Redezeit. Es kommt selten vor, dass ein Breitmaulfrosch sein Referat – ohne strikte zeitliche Vorgaben, wie beispielsweise bei der UNO-Vollversammlung – innerhalb der anvisierten Länge vollständig präsentiert. Frösche assoziieren die Länge einer Rede mit ihrer substanziellen Qualität: Je mehr man redet, desto mehr Inhalt wird vermittelt. Oder: Je länger die Rede, desto überzeugender ist die Wirkung. Hierin liegt die fundamentale **Fehleinschätzung** des Breitmaulfrosches.

Begegnen sich zwei Breitmaulfrösche, dann wird die Diskussion spannend und vor allem ausufernd. Oft suchen sie während ihrer langwierigen und intensiven Gespräche – meist Monologe – einen Halt, etwa an einer Säule, einer Wand, einem Tisch oder Stuhl. Einmal in Fahrt gekommen, können sie sogar simultan über ganz unterschiedliche Sachen palavern. Währenddessen nehmen sie das vom Partner Gesprochene nur fragmentarisch auf. Dieser **Pseudodialog** stützt sich meist auf dünne Kenntnisse und irrelevante Kommentare.

Breitmaulfrösche widmen ihre Aufmerksamkeit ausschließlich dem Reden. Hingegen wird die körperliche Motorik nicht stark beansprucht. Im Gegensatz zu den Affen gelten sie nicht als hyperaktiv.

Das sollten Sie wissen!

»Das Mitteilungsbedürfnis ist wichtiger als Empathie: Hat man im Team einen echten Breitmaulfrosch, so ist für dauerhafte Unterhaltung gesorgt! Dieser redselige Mensch nimmt selten Rücksicht auf die Zuhörer, Kollegen, Chefs oder Kunden. Er redet gerne, lange und fast ununterbrochen. Die wenigen kurzen Pausen dienen primär der Sauerstoffzufuhr in die Lungen! Sie erfüllen also ausschließlich eine *respiratorische* Funktion (Atemerfüllungsfunktion). Hauptsache, es gelingt ihm, jemanden für seine langen Monologe zu kapern und, wenn möglich, festzunageln!«

Echte Breitmaulfrösche sind als **Führungskräfte** eher rar. Die Ausübung einer solchen Funktion lässt wenig Spielraum für Geschwätz. Zahlreicher sind Breitmaulfrösche in den **unteren hierarchischen Ebenen** vertreten.

Geht ein Breitmaulfrosch wegen einer aus seiner Sicht dringenden Angelegenheit zu einem ungeduldigen, impulsiven und arroganten Chef (Hund oder Giraffe), hat er zwei Wahlmöglichkeiten: Entweder er kommt sofort zur Sache und fasst sich kurz, oder er redet viel, ohne rasch zum Punkt zu kommen. Im zweiten Fall wird der Vorgesetzte schnell seine Geduld verlieren. Zu erwarten ist dann eine resolute, harte und gereizte Reaktion des Chefs. Der Frosch wird das

Büro seines Vorgesetzten mit Sicherheit als desillusionierter Verlierer verlassen.

Bei Verhandlungen ist Geduld angebracht

Als **Verhandlungspartner** sind Frösche langatmig, unkonkret und nicht zielführend. Ihre Verhandlungsvorbereitung ist meistens approximativ. Der Inhalt enthält zu viele unbedeutende Details. Trotz allem wirken sie selten so lästig wie ein reinrassiger Affe.

Reden sie zu viel und unstrukturiert, werden sie von der Gegenseite als Schwätzer tituliert. Diese Zuschreibung bedeutet einen Verlust ihrer Glaubwürdigkeit. Aus diesen Gründen werden manche Breitmaulfrösche nicht als ebenbürtige Verhandlungspartner wahrgenommen und akzeptiert.

Das sollten Sie wissen!

»Breitmaulfrösche können bis zu einem gewissen Grad auch sympathisch und interessant erscheinen. Sie besitzen die Fähigkeit, mit nur wenigen oberflächlichen Informationen und Kenntnissen, weitschweifige und unstrukturierte Gespräche zu führen.

Durch ihre unbekümmerte Art sich zu artikulieren, stellen sie rasch Kontakte her, selbst zu eher reservierten und zurückhaltenden Personen. Wenn sie nicht allzu ausführlich über Sportereignisse, Krankheiten und schrecklichste Symptome reden, wirken ihre Beiträge spannend und amüsant.«

Überblick | prädominante Eigenschaften
des Menschentypus Breitmaulfrosch

» redselig, Palavern wichtiger als Inhalt

» kennt keine Grenzen

» kontaktfreudig, sozialorientiert, findet sofort Anschluss

» hört kaum zu, leicht ablenkbar

» fragmentarische Aufnahme
» will gehört werden
» unterbricht oft, redet simultan
» neugierig, weiß – sehr oberflächlich – Bescheid
» schlechtes Zeitmanagement
» schwach empathisch
» sucht den Mittelpunkt
» kann sympathisch sein

Körpersprache des Breitmaulfrosches

Der Breitmaulfrosch dreht den Kopf wie ein Radar, um so viele Informationen und Eindrücke wie möglich von der Umgebung zu empfangen. Wenn er dem Partner eine ihm wichtige Information mitteilen will, richtet er seinen Blick auf ihn, um die Relevanz seiner Behauptung zu betonen.

Das sollten Sie wissen!

»Am interessantesten ist das Verhalten älterer Breitmaulfrösche, was man gut in Fußgängerzonen, am Strand oder auf Promenaden beobachten kann. Meist gehen sie zu zweit langsam hin und her und unterhalten sich gemütlich über Gott und die Welt, ohne sich direkt anzuschauen.

Will einer von beiden eine wichtige Botschaft mitteilen, dann bleibt er abrupt stehen, dreht sich zu dem anderen um und schaut ihn intensiv an.

In der Regel macht der andere Frosch instinktiv mit. Er bleibt stehen, erwidert den Augenkontakt. Dabei vermittelt er den Eindruck aufmerksam zuzuhören und stellt automatisch eine symmetrische Beziehung her. Bei diesem Kommunikationsaustausch kann der Zuhörer vom Breitmaulfrosch durchaus auch physisch festgehalten werden.

Dabei wird der Blickkontakt intensiver und länger. Der Ansprechpartner spiegelt die Gesten. Sobald der Frosch die Gesprächsinitiative übernommen hat, dreht sich das Spiel, und alles beginnt wieder von vorne. Solche entspannten Unterhaltungen können stundenlang dauern.«

Männliches vs. weibliches Verhalten

Bei Breitmaulfröschen herrscht ein harmonisches Verhältnis, auch zwischen den Geschlechtern. Weil primär das Reden im Mittelpunkt steht, sind die angewandten Kommunikationsmittel sehr homogen. Es gibt kaum nennenswerte Unterschiede zwischen Mann und Frau.

Überblick	männliche und weibliche Breitmaulfrosch-Typen	
männlich	**weiblich**
lehnt sich an einem Gegenstand an (Stühlen, Wänden, Säulen usw.)	lehnt sich weniger an einem Gegenstand an (Stühlen, Wänden, Säulen usw.)
lebhafte Mimik und Gestik	
bei Höhepunkten des Gesprächs sehr intensiver Augenkontakt	bei Höhepunkten des Gesprächs intensiver Augenkontakt
sucht und findet symmetrische Körperhaltung	
intensive taktile Kommunikation (kulturell unterschiedlich)	etwas weniger intensive taktile Kommunikation (kulturell unterschiedlich)
aktive Körperbewegung (gehen, stehen)	
sucht ständig den physischen Mittelpunkt	Suche nach physischem Mittelpunkt weniger ausgeprägt

dreht den Hals wie ein Radar
schaut auf die umliegenden Gegenstände, um neuen Gesprächsstoff zu suchen

Umgang mit dem Menschentyp Breitmaulfrosch

Aufgrund mancher Verhaltensaffinitäten mit Affen ist es auch hier empfehlenswert, die Dauer der Präsentation eines Breitmaulfrosches zu begrenzen. Er sollte nicht zu viele Gelegenheiten haben, vom Hauptthema abzuschweifen. Taktische **Unterbrechungen** sind angebracht, um die Dauer des Monologs zu reduzieren und den logischen, geradlinigen Redefluss wiederherzustellen. Unnötige Härte oder verletzende Äußerungen sollten aber unbedingt vermieden werden. Man kann die Länge ihres Referats durch „Komplimente" und, wenn nötig, sogar durch das Einwerfen ironischer Bemerkungen begrenzen. Dies ist meist effektiver als eine zu harte und rigorose Haltung, die erst als *Ultima Ratio* eingesetzt werden soll. Man darf diesen sensiblen und auch netten Menschentyp nicht vor Mitarbeitern und Vorgesetzten blamieren.

Das sollten Sie wissen!

»Zwei Breitmaulfrösche im gleichen Büro funktionieren nicht gut: Es muss vermieden werden, zwei oder mehrere Breitmaulfrösche im selben geschlossenen Raum zu platzieren. Das wäre zwar unterhaltsam für die Frösche, aber schädlich für die Arbeit. Es wird empfohlen, ein, charakterlich gesehen, heterogenes Arbeitsteam zu bilden. Wenn nur ein einziger breitmaulfroschaffiner Mensch in der Gruppe ist, findet er nicht die erhoffte Gesprächsbereitschaft vonseiten der anderen Personen im Team. Ein einziges Exemplar dieser Spezies sorgt für ein angenehmes bzw. unterhaltsames Arbeitsklima, das allen Teammitgliedern zugutekommt.«

Ist hingegen die **Führungskraft** bzw. ein **Unternehmer** ein echter Breitmaulfrosch, könnten Reibungen bei den zahlreichen und – aus Sicht der Mitarbeiter – langen Diskussionen und unproduktiven Sitzungen entstehen. Der Frosch-Chef liebt eine hohe Frequenz unterschiedlicher Mitarbeitertreffen. Er wird sehr wahrscheinlich die Sitzungen mit langatmigen und unstrukturierten Monologen führen. Wegen seiner schwach entwickelnden Empathie wird er die Teilnehmer nicht adäquat in das Thema einbeziehen. Sie werden erst bei späteren, wiederum langen und zeitraubenden Diskussionen involviert. Stehen schwierige Themen auf der Tagesordnung, bei denen die aktive Partizipation der Mitarbeiter notwendig ist, besteht die Gefahr, dass die Führungskraft in der gewohnten Breitmaulfroschmanier die Diskussion leitet.

In diesen Meetings werden die meisten Teilnehmer primär physisch anwesend, aber mental wenig bei der Sache sein. Sie beschäftigen sich mit anderen Dingen, hören nur selektiv zu und folgen dem Frosch-Chef oberflächlich. Das wird ihn wenig stören, und zwar deswegen, weil er es einfach nicht bemerkt.

Unter einer solch wenig effektiven Führung leidet die Leistung. (Die Leistung ist dadurch bestimmt, wie schnell eine Arbeit verrichtet werden kann. Sie ist also eine zeitabhängige Größe.) Der Leistungsdruck lässt in diesen Fällen merklich nach. In staatlich geführten Betrieben ist eine derartige Arbeitsweise keine Seltenheit.

Angenehmes Arbeitsklima

Bei einem ausgeprägt beziehungsorientierten Führungsstil ist die Schaffung einer angenehmen Arbeitsatmosphäre manchmal sogar wichtiger als das Erreichen zeitlich exakt definierter Ziele. Der Frosch strebt bekanntlich zuerst die Bildung einer behaglichen zwischenmenschlichen Beziehung und die Schaffung eines angenehmen Arbeitsklimas an.

Diese kommunikative Annäherung ist eine gute Voraussetzung für diesen für den Frosch typischen Führungsstil. Es kommt jedoch oft vor, dass die Frosch-**Führungskräfte** vor lauter Harmonie und entspannter Atmosphäre das Erreichen anvisierter Ziele vernachlässigen. Viele Leader oder Firmeneigentümer mit Frosch-Attitüden tun sich vor allem in Krisenzeiten ziemlich schwer, eine starke und resolute Hand zu zeigen. Das ist sowohl auf ihre ausgeprägte Menschenorientierung zurückzuführen als auch auf ihre Schwierigkeiten, eine klare und nachvollziehbare Führungslinie zu zeigen. In diesen Fällen ist er auf die Zusammenarbeit loyaler, entscheidungsfreudiger Mitarbeiter mit komplementären Qualitäten angewiesen. Beide sollten jedoch widerspruchsfrei als harmonisches Tandem mit unterschiedlichen Funktionen auftreten.

Bei Verhandlungen sorgen Breitmaulfrösche für nette Unterhaltung

Verhandlungen zwischen diesen Menschentypen mögen sicherlich lang und unproduktiv erscheinen; sie sind aber keineswegs langweilig. Breitmaulfrösche sorgen für die notwendige Unterhaltung. Schwieriger wird es, wenn man einem strikt definierten Leitfaden folgen muss. Bei den Breitmaulfrosch-Typen gibt es keine eindeutige Trennung zwischen inhaltsbezogenen Argumenten und persönlichen Befindlichkeiten. Privates und Dienstliches verschmilzt und bildet eine Einheit. Man redet über beides mehr oder weniger zeitnah. Wie und wann diese redseligen Verhandler ihre konkreten Ziele erreichen, ist schwer abzuschätzen. Dank des guten Verhandlungsklimas, der starken Menschenorientierung und vor allem des gegenseitigen Vertrauens können die Kontrahenten schnell und spontan zu einem für alle Beteiligten vorteilhaften Abschluss kommen.

Einem Kunden mit Breitmaulfrosch-Eigenschaften muss man zuhören

Bei Geschäftsgesprächen bzw. Verhandlungen mit **Kunden** mit ausgeprägter Breimaulfrosch-Orientierung, kann sich die Begegnung in die Länge ziehen. Nicht selten erzählen Kunden dieses Menschentyps gerne über sich und ihre Verdienste. Ist der Breitmaulfrosch selbst ein stolzer Unternehmer, erzählt er lange und ausführlich über seine Firma. Der Geschäftspartner darf den beziehungsorientierten Breitmaulfrosch weder unterbrechen noch ihm seine Ungeduld zeigen.

Zuhören und Interesse an den Erzählungen über die Firmenhistorie und Erfolge sind angesagt. Diese aus Sicht des Geschäftspartners *zu langen* und *unproduktiven* Monologe sind dagegen **ideale Mittel** für die Herstellung bzw. Festigung der Geschäftsbeziehung.

Verständigungsprobleme bei Verhandlungen: Strukturierte vs. unsystematische Kommunikation

Sind aber die anwesenden Verhandlungspartner in ihrer Verhaltensweise völlig konträr, gestaltet sich die Diskussion schwierig und mühsam. Einige bevorzugen gut strukturierte, direkte und explizite Vorgehensweisen mit klar formulierten Inhalten und Zielen. Die anderen favorisieren eine lockere, indirekte, implizierte und personenaffine Vorgehensweise voller Umschreibungen, Anekdoten und unscharfer Zielformulierungen. Spitzt sich diese gegensätzliche Kommunikation und Herangehensweise zu, ist die Fortsetzung einer konstruktiven Verhandlung gefährdet. Eine Kollision zwischen den Kontrahenten kann die logische Folge sein.

Um die Fortführung der Verhandlung zu ermöglichen, ist der beteiligte Frosch-Chef auf die Unterstützung von Kollegen mit asymmetrischen Eigenschaften angewiesen. Diese brauchen jedoch ein klares Mandat und einen großen Verhandlungsspielraum. Die froschaffine Führungskraft muss sich aus den kritischen Verhandlungsphasen heraushalten.

Ob der Frosch-Chef dazu bereit ist, den Untergegebenen Teile seiner Verhandlungskompetenzen abzutreten und sich verbal zurückzuhalten, sei dahingestellt. Um dem Verhandlungsablauf nicht zu schaden, ist er gezwungen, manche Entscheidungsbefugnisse abzugeben. Das ist umso wichtiger, wenn die Gespräche eine klare Vorgehensweise und schnelle Entscheidungen erfordern. Seine Mitarbeiter übernehmen dabei eine Expertenfunktion. Erst wenn die gewünschten Ergebnisse erreicht sind, ist die aktive Präsenz des Chefs für die finale Entscheidung notwendig.

Allgemein betrachtet, können diese redseligen und kontaktfreudigen Menschentypen ihre gut entwickelte soziale Komponente bei der Herstellung persönlicher Beziehungen, bei geschäftlichen und sozialen Events, auf **Messen** und bei anderen gesellschaftlichen Aktivitäten gut ausspielen.

Weitere Informationen finden Sie im Kapitel Tierkombinationen.

Darauf sollten Sie bei Breitmaulfröschen achten!

Überblick | das sollten Sie im Umgang
            mit Breitmaulfröschen beachten

» möglichst nur geschlossene Fragen stellen

» Initiative und Gesprächsführung behalten

» beim Hauptthema bleiben, keine Anekdote oder Nebenbeispiele bringen

» warten bis er „atmet" und ihn dann mit Humor (taktvoll) unterbrechen

» ist er Kunde, ihm zuhören, Interesse zeigen, visuellen Kontakt herstellen, persönliche Beziehung aus- und weiterbauen

» seine starke Beziehungsorientierung nutzen, um zum Verhandlungsabschluss zu kommen

» bei Vorträgen klare Struktur und Anweisungen

» seine Redezeit fixieren

» bei Verhandlungen flexibles Zeitmanagement einplanen

» sich Zeit nehmen, Geduld zeigen

» Entscheidung nicht forcieren

» empathisch vorgehen

» seine Anpassungsfähigkeiten nutzen

> » Motivation durch: Wertschätzung und Lob, menschenaffine Aufgaben, Brainstorming, Tätigkeiten mit sozialen Komponenten, Integration, Unterstützung

Checkliste | Fehler, die Sie bei Breitmaulfröschen vermeiden sollten

- » hartes Verhalten
- » kein Fingerspitzengefühl
- » ihn vor Kollegen blamieren
- » ihn in der Gruppe ganz ignorieren, exkludieren
- » extreme Sachorientierung
- » kaum Beziehungsorientierung
- » bei Gesprächen abrupt unterbrechen
- » keinerlei Interesse für sein Anliegen zeigen
- » seine Fähigkeit gänzlich ignorieren
- » ihn nur als Schwätzer titulieren
- » sich über ihn lustig machen
- » einseitige harsche Kritik
- » Ungeduld zeigen
- » keine Empathie

Menschentyp »Lämmchen«
– schüchterne Teamplayer

prädominante Eigenschaften:
schüchtern, unscheinbar, redet kaum, hört aufmerksam zu

Was Sie vorab über Lämmchen wissen sollten!

Das Hausschaf (*Ovis gemelini gries*) ist die domestizierte Form des Mufflons. Es spielt in der Geschichte der Menschheit eine bedeutende Rolle als Milch-, Fleisch,- Woll- und Schaffelllieferant. Schafe und Lämmchen sind niedliche und ausgesprochene Herdentiere, die naturgemäß am liebsten in der Gruppe leben. Sie werden in der Mythologie als Sinnbild für die Unschuld bezeichnet. Das ist sehr wahrscheinlich auf ihr Urvertrauen zurückzuführen. Auch in der Bibel kommt das Lamm vor. Etwa in dem Ausdruck „Lamm Gottes" oder im Gleichnis vom verlorenen Schaf. Man spricht außerdem vom „Schwarzen Schaf", wenn ein Mensch sich in seinen Verhaltensweisen von den Vorstellungen der Gruppe, z. B. der Familie, abhebt.

Trotz der verbreiteten Meinung, dass Schafe dumm seien, sind sie laut Wikipedia intelligente Tiere, die sich beispielsweise über 50 Gesichter ihrer Artgenossen über einen Zeitraum von zwei Jahren merken.

Es gibt eine Reihe andere Eigenschaften des Menschentypus Lämmchen:

» Das Lämmchen bzw. Lamm ist der Prototyp einer **schüchternen**, reservierten, leisen und zurückhaltenden Person, die sich kaum traut, dem Gegenüber direkt und intensiv in die Augen zu schauen.

» Wegen seiner Unscheinbarkeit, seiner **Unsicherheit** und Ängstlichkeit wird es kaum wahrgenommen.

» Lämmchen fühlen sich unwohl in einer fremden Umgebung. Sie sitzen möglichst still und schweigend da, sodass sie kaum oder gar nicht wahrgenommen werden.

» Ihr verbaler Beitrag beschränkt sich nur auf das Notwendigste. Sie überlassen den ersten Schritt gerne dem Ansprechpartner. Auf diese Weise bekommen sie, etwa von einem Anbieter, wichtige Informationen, Fakten und Zahlen.

» So lernen sie das Produkt und die Dienstleistung gründlich kennen. Sie geben dem Gegenüber nur sporadisch Informationen preis. Für den Verkäufer sind Lämmchen **keineswegs einfache Kunden**. Im Gegenteil!

» Schweigende oder wortkarge Menschen können Geschäftspartnern, Kollegen und Führungskräften Rätsel aufgeben.

» Pauschal betrachtet kann man behaupten, dass stille Kunden (Lämmchen) oftmals einen **Informationsvorsprung** haben. Sie hören die Argumente der Gegenseite aufmerksam an.

Lämmchen werden ignoriert

Weil Lämmchen in der Schule, am Arbeitsplatz und in der Gesellschaft keine Mittelpunktmenschen sind, besteht eine konkrete Gefahr, vernachlässigt zu werden. Insbesondere in Gegenwart aktiver Menschen – also Hunde-, Affen- und Breitmaulfrosch-Typen – werden sie optisch und akustisch noch weniger wahrgenommen. Sie äußern sich nicht und ziehen sich einfach zurück. Lehrer, Kollegen, Freunde und Vorgesetzte favorisieren den – aus ihrer Sicht – leichteren Kontakt mit verbal aktiveren Personen. Das menschliche Bedürfnis nach Wahrnehmung wird im Dialog mit Lämmchen selten erfüllt.

Emotionale und improvisierte Reden zu halten, gehört nicht zu den Stärken der Lämmchen. Sie bekommen Sicherheit, wenn sie gut vorbereitet sind. Verfügen sie nicht über die notwendigen Zahlen und Fakten, werden sie kaum wagen, den Mund aufzumachen. Lämmchen sind die Antipoden zu den risikoaffinen und improvisationstalentierten Hunden, Affen und vor allem Füchsen. Sie kompensieren ihre Scheu mit **Perfektionismus**. Details, anspruchsvolle und präzise Aussagen sind unverzichtbare Elemente der Lämmchen. Abgesehen von ihrer Schüchternheit und Reserviertheit gibt es manche Parallelen zum Pferd.

Keine harte Auseinandersetzung

An kontroversen oder delikaten Gesprächen nehmen Lämmchen nur passiv teil. Dadurch konzentriert sich die ganze Diskussion auf die lauten, durchsetzungsstarken und impulsiven Teilnehmer. Das Gesetz des Stärkeren setzt sich durch, und zwar auf Kosten der stillen und reservierten Menschen. Auch wenn Lämmchen konkrete und inhaltlich valide Argumente besitzen, bleiben sie zurückhaltend. Findet ein Lämmchen keinen empathischen Kollegen, Teamleiter oder Vorgesetzten, der ihm das Wort erteilt und in das Gespräch integriert, äußert es sich kaum oder leistet gar keinen Beitrag.

Schweigen, aufmerksam zuhören und so Informationen beschaffen

Lämmchen sind nicht nur **aufmerksame Zuhörer**, sondern auch **gute Beobachter**. Auf diese Weise erhalten sie zahlreiche Informationen, die sie schrittweise selektieren und priorisieren. Die Tiefe ist für sie wichtiger als die Breite. Sie präferieren den **Monotasking-Modus** und tun sich schwer, in einem typischen Multitasking-Milieu zu arbeiten. Bei Vorträgen können sie ihr profundes Wissen selten rhetorisch brillant vermitteln. Dies liegt an ihrem Charakter, der bei Lämmchen wie eine angezogene Handbremse wirkt. Sie besitzen den Inhalt (Hard Skills), aber oft nicht die notwendigen rhetorischen Mittel (Soft Skills). Salopp gesprochen, Lämmchen verkaufen sich unter ihrem tatsächlichen Wert. Das ist ihr Problem.

> Lämmchen sind zwar schüchtern und zurückhaltend, aber sie sind auch zuverlässige und fachlich gute Mitarbeiter und Experten, die ihren Beruf ernst nehmen. Wegen ihrer Angst, Fehler zu machen oder zu versagen, schweigen sie lieber und verhalten sich apathisch.

Lämmchen haben eine ausgeprägte **Risikoaversion**. Dies zeigt sich auch an ihrer Sprache und Terminologie. Ihre Worte wählen sie mit Bedacht. Die Imperativform verwenden sie fast nie, oder sehr selten. Reflexion und Vorsicht sind stets präsent. Spontane und schnelle Entscheidungen, ohne vorab eine Pro-Kontra-Analyse durchzuführen, passen nicht zum Stereotyp des Lämmchens. Die Defensive wird der Offensive vorgezogen.

Zuverlässig und mannschaftsdienlich agieren sie im Hintergrund

Lämmchen sind sehr kooperativ und lieben **Teamarbeit**, ohne bei dieser hervorzutreten. Im Mannschaftssport begnügen sie sich oft mit der Rolle des zuverlässigen Spielers, der im Dienste der Mannschaft steht. In der Politik fungieren sie als wichtige **Informationslieferanten** für resolute und offensive Politiker. Dort agieren sie meist im Hintergrund. Politiker brauchen solche Mitarbeiter, weil diese keine Konkurrenz für ihre Ambitionen und politische Karriere darstellen. Als Führungskraft in einer Organisation wählt das Lämmchen den **demokratischen Führungsstil**, sucht die Harmonie und meidet harte, laute und konfrontative Auseinandersetzungen mit Kollegen. Weil sie kein starkes Durchsetzungsvermögen besitzen, können sie speziell mit Hunden Probleme haben, selbst wenn jene ihnen hierarchisch untergeordnet sind. Manche Hunde setzen ihre kämpferische Attitüde sogar gegen einen Lamm-Vorgesetzten gezielt ein, um den größten Nutzen zu bekommen, weil sie sich insgeheim stärker fühlen als ihre reservierte Führungskraft.

> Je nach Kontext und Stresssituation ist eine unerwartete und unkontrollierte Überreaktion des Lämmchens in einer Führungsposition nicht auszuschließen.

Die Technologie kommt den reservierten und schüchternen Menschen sehr entgegen. Dank der Verbreitung elektronischer Geräte hat sich die klassische, traditionelle Face-to-Face-Kommunikation geändert. Es ist nicht mehr unbedingt notwendig, sich persönlich zu treffen, um miteinander zu kommunizieren. Man verfasst kurze Nachrichten, sendet Bilder, tauscht Informationen aller Art per Smartphone aus.

Keine direkte Konfrontation dank elektronischer Geräte

Insbesondere unangenehme oder gar peinliche Botschaften lassen sich per SMS, E-Mail oder WhatsApp leichter vermitteln. Sie zu schreiben, kostet weniger Überwindung, als sich einer Konfrontation zu stellen. Speziell Lämmchen, die harte Auseinandersetzungen grundsätzlich meiden, ziehen es vor, eine schriftlich verfasste, trockene und unpersönliche Mitteilung zu senden. Mit den modernen Informationsmitteln haben sich die Kommunikationsschwierigkeiten scheuer Menschen erledigt.

Es gibt aber auch Lämmchen in Führungspositionen oder als Firmeninhaber. Die Fachkenntnisse sind vorhanden, jedoch fehlt ihnen das **Durchsetzungsvermögen**, insbesondere in Konfliktsituationen. Lämmchen tun sich sehr schwer, mit dominanten und streitsüchtigen Untergebenen souverän umzugehen. Ist der Mitarbeiter ein bissiger und karriereorientierter Hund, leidet das Lämmchen darunter und meidet die offene Konfrontation. Nicht selten versucht der hierarchisch untergeordnete Hund, ihm seinen Posten streitig zu machen. In diesem Kontext ist paradoxerweise der Charakterstärkere in der schwächeren und der Charakterschwächere in der stärkeren hierarchischen Position. Der Konflikt ist in einer solchen Kräftekonstellation unvermeidbar. Es gibt meistens nur eine Lösung: Entweder geht der Hund oder der Lämmchen-Chef.

Manche Führungskräfte haben Karriere gemacht, u. a. dank ihrer hohen Professionalität und ihrer profunden Kenntnisse. Besitzt aber der Leader nicht die notwendigen Führungsqualitäten, die in seiner Funktion wichtiger als die fachliche Kompetenz sind, ist er fehl am Platz. Übernimmt das Lämmchen in seiner Abteilung eine Führungsfunktion, verhält es sich selten wie ein wahrer Leader mit Entscheidungsbefugnis. Es agiert vielmehr wie ein gutmütiger Kollege. Insbesondere in heiklen Situationen mit dominanteren Kollegen hat es keinen guten Stand. Um den Frieden zu wahren, meidet es den Konflikt. Nicht selten übernimmt das Lämmchen in dieser Situation sogar die Arbeit des vermeintlich stärkeren Mitarbeiters. Fazit: Der Lämmchen-Chef ist überlastet, der Mitarbeiter Hund ruht sich aus.

Als Verhandler angenehme Partner

Das sollten Sie wissen!

»Sie sind zuverlässig, pünktlich, hören genau zu und sind gut vorbereitet. Ist das Verhandlungsklima angenehm und entspannt, öffnen sich Lämmchen allmählich und intervenieren trotz ihrer notorisch defensiven Haltung ad hoc. Ihr aktiver Beitrag hängt also in erster Linie von der Atmosphäre, dem Schwierigkeitsgrad des Inhalts, aber insbesondere von der Attitüde des Verhandlungspartners ab. Gestaltet sich die Verhandlung angenehm ruhig, sachlich und auch beziehungsorientiert, erweisen sie sich als gute und berechenbare Verhandlungspartner. Die große Selbstbeherrschung des Lämmchens führt meistens zu einer Implosion ohne emotionale Erregung. Bekommt es nicht die notwendige Unterstützung eines stärkeren und sicheren Kollegen, gibt es auf.«

Nur das Essenzielle wird thematisiert. Bei persönlichen Gesprächen ist das aktive Zuhören wichtiger als eine verbale Initiative.

Überblick | prädominante Eigenschaften
des Menschentypus Lämmchen

» schüchtern, zurückhaltend
» unauffällig, wird ignoriert
» Selbstbewusstsein wenig entwickelt
» wird ständig unterschätzt
» redet wenig, leise Stimme
» hört aufmerksam zu
» Augenkontakt schwach
» kein Mittelpunktmensch
» mannschaftsdienlich, keine Primadonna-Allüren
» zuverlässig, berechenbar
» entscheidet nachdenklich, braucht Zeit
» kein Durchsetzungsvermögen
» meidet Konfrontation
» empathisch
» Monotasker
» Denker
» Selbstbeherrschung
» loyal, kooperativ

Körpersprache des Lämmchens

Das Lämmchen fällt mit seiner Unauffälligkeit auf, welche die bedeutendsten Charakterzüge dieses sanftmütigen Tiertypus kennzeichnet. Der ganze Körper unterstreicht die Reserviertheit und Unsicherheit des Lämmchens.

Das sollten Sie wissen!

»Der Gang ist vorsichtig, die Schritte sind eher klein und leise. Kopf und Augen sind meist nach unten gerichtet, als ob es seiner Umgebung mitteilen wolle: „Sprecht mich nicht an." Das Türklopfen ist so leise, dass es kaum gehört wird. Beim Betreten eines Raums ist dieser Menschentyp mehr als besonnen. Im Sitzen sind seine Beine eng aneinandergepresst. Der Körper nimmt dadurch wenig Platz in Anspruch. Die Hände sind oft zwischen oder sogar unter den Beinen versteckt. Gestikulation und Mimik sind moderat. Seine wortkarge Sprache und Bescheidenheit sind typische Merkmale dieses scheuen Menschen. Zeigt die Gegenseite ihre scharfen Zähne, wird das Lämmchen unsicher und wirkt desorientiert. Sein Gesicht wird rot und seine leise, unsichere Stimme verrät sein Unbehagen.«

Männliches vs. weibliches Verhalten

Obwohl die wichtigsten Merkmale dieser unaufdringlichen und scheuen Menschen bei Frauen und Männern dieselben sind, lassen sich doch geschlechtsspezifische Unterschiede feststellen, die speziell bei jungen Frauen evidenter erscheinen als bei älteren.

Weibliche Lämmchen tendieren dazu, manche Körperbewegungen stärker als ihre männlichen Kollegen zu betonen. Diffuser Blickkontakt, leise Stimme, kaum Platzanspruch, größere Körperdistanz und das Herunterziehen der Ärmel, um die Hände zu verstecken, komplettieren das stereotypische Lämmchen-Bild.

Überblick | männliche und weibliche Lämmchen-Typen

männlich	weiblich
unsichere Körperhaltung	unsichere Körperhaltung betonter
vorsichtiges Auftreten	vorsichtiges Auftreten auffälliger
wenig Blickkontakt	blickkontaktavers
beansprucht wenig Raum	beansprucht noch weniger Raum
Hände teilweise versteckt	Hände fast ganz versteckt, speziell bei jungen Frauen
benutzt selten den Zeigefinger	benutzt fast nie den Zeigefinger
unauffällig	sehr unauffällig
leiser, unsicherer Gang, leise Schritte	Gang und Schritte betont unsicher und leise
weicher Händedruck	sehr weicher Händedruck
setzt sich in die hintersten Reihen	
leises Türklopfen	Türklopfen kaum hörbar
meidet Konfrontation	lehnt Konfrontation ab
zeigt selten Zähne	zeigt fast nie Zähne
Verlegenheit durch Lächeln	Verlegenheit durch häufiges Lächeln
nonverbale Signale leicht zu decodieren	nonverbale Signale etwas schwerer zu decodieren

Umgang mit dem Menschentyp Lämmchen

In Sitzungen mit Kollegen und Vorgesetzten schweigt das Lämmchen lieber. Es redet nur, wenn es unbedingt sein muss. Das Lämmchen hört gerne aufmerksam zu, registriert die vermittelten Botschaften und ordnet sie in seinem Kopf systematisch ein. Wegen seines guten **Auffassungsvermögens** und seiner klaren Strukturiertheit ist es ein ausgezeichneter Protokollant. Häufig ist es auch für die schriftliche und verbale Zusammenfassung der wesentlichen Punkte zuständig. Das Lämmchen fühlt sich bei dieser wichtigen Aufgabe wahrgenommen, akzeptiert und letztlich auch gut integriert. Außerdem hat es einen bedeutenden komparativen Vorteil gegenüber den anderen Sitzungsteilnehmern: Als einziges Sitzungsmitglied besitzt es das Protokoll, also die wichtigste Informationsquelle. Bei der Vorstellung der beschlossenen Diskussionsergebnisse wirkt es sicher und gerät dadurch für eine Weile in den Mittelpunkt der Gruppe. Bei möglichem Diskussionsbedarf übernimmt es kurz die Diskussionsleitung. Die übrigen Sitzungsteilnehmer müssen ihm folgen – und nicht umgekehrt. Das verleiht ihm mehr Sicherheit.

Wird es von Kollegen und Vorgesetzten zu diesen und ähnlichen für das Lämmchen risikoarmen Aufgaben aufgefordert, wird es allmählich selbstbewusster und couragierter. Die Bitte um das Übernehmen solcher Tätigkeiten ist für das Lämmchen ein wirkungsvoller und empfehlenswerter Motivationsanreiz. Mit Empathie, Geduld und Zeit kann man schüchterne, scheue und zurückhaltende Mitarbeiter (Lämmchen) sogar in Pferde umwandeln.

Lämmchen brauchen generell ein angenehmes Ambiente und vor allem Vertrauen seitens ihrer Vorgesetzten und Mitmenschen. Häufiges Feedback und **ehrliche Wertschätzungen** sind geeignete Mittel, um das Selbstvertrauen der Lämmchen zu stärken.

> Lämmchen können mit ihren Kenntnissen und Kompetenzen extrovertierte und rhetorisch versierte Kollegen und Vorgesetzte gut ergänzen. Sie fungieren oft als vorzügliche *Ghostwriter* namhafter Vertreter von Wirtschaft und Politik.

Ein Lämmchen kann durchaus eine Abteilung oder ein Unternehmen erfolgreich leiten. Das setzt jedoch Loyalität und Respekt der Mitarbeiter voraus. In der Politik, aber auch in der Wirtschaft, engagieren Führungskräfte mit Lämmchen-Merkmalen vertrauenswürdige und durchsetzungsstarke Mitarbeiter (Hunde, Giraffen), die eine integrierende Funktion übernehmen. Sie fungieren als harte Abräumer, die keine Konfrontation scheuen. So entsteht eine gut funktionierende Symbiose.

Die Einschaltung komplementärer Verhandlungsführer ist in solchen Fällen unentbehrlich.

Das sollten Sie wissen!

»Das Lämmchen darf nicht in harte Diskussionen mit aggressiven Disputanten involviert werden. Es muss die Möglichkeit bekommen, seine fachliche Kompetenz in Ruhe und ohne lästige Unterbrechungen zu verbalisieren. Das Lämmchen braucht einen starken Partner mit integrativen Qualitäten, der die Rolle des harten Kombattanten übernimmt, ohne seinem Lämmchen-Vorgesetzten die Führungsfunktion und Entscheidungsbefugnis streitig zu machen.«

Umgang mit zwei unterschiedlichen Menschentypen (Lämmchen und Hund)

Geschäftsverhandlungen können zwischen zwei oder mehreren Personen getätigt werden. Der sogenannte Anbieter verhandelt mit zwei Kunden, z. B. Paaren, Familienangehörigen oder Freunden. Das ist oft der Fall, wenn es um wichtige, kostspielige und komplexe Anschaffungen geht. Das klassische Beispiel ist der Kauf von Immobilien, bei denen meist zwei Personen als Käufer auftreten. Bei einem solchen Geschäft verhandelt oft ein Makler mit zwei am Kauf des Immobilienobjekts interessierten Personen, z. B. Partnern. Man nimmt an, dass die Kaufinteressenten charakterlich völlig konträr sind. Einer ist ein typischer Hund und der andere ein typisches Lämmchen.

Beispiel 2 | Möglicher Verlauf einer Geschäftsverhandlung zwischen Makler, Lämmchen und Hund

Mit hoher Wahrscheinlichkeit wird der Hund die Gesprächsinitiative ergreifen, Fragen stellen, die Verhandlungsführung übernehmen und die Geschäftsbedingungen diktieren. Der Hund zieht alle paralinguistischen und außerlinguistischen Register, also Tonfall, Betonung, Phonation, Timbre und Gestik, Mimik und Augenkontakt. Diese Signale werden vom Hund entsprechend eingesetzt und nach seinem Gusto dosiert. Dadurch gerät er schnell ins Zentrum der Aufmerksamkeit. Er wirkt bestimmend, initiativfreudig und – wenn es um Konditionen geht – auch angriffslustig. Seine Sprache ist direkt, dezidiert, klar und inhaltsorientiert. Er will dem Makler schlichtweg imponieren und zeigen, wer hier das Sagen hat.

Mit ebenso großer Wahrscheinlichkeit zieht sich das Lämmchen verbal und nonverbal zurück. Anscheinend überlässt es dem Partner die volle **Verhandlungsinitiative**. Es kann und darf auf keinen Fall seinem Partner die Show stehlen. Das Lämmchen redet wenig, aber hört sehr aufmerksam zu. Es scheut davor zurück, dem Makler lang und direkt in die Augen zu schauen. Damit vermittelt es den Eindruck, als ob es den Augen- und auch den physischen Kontakt meiden wolle. Es stellt wenige, aber durchdachte und gezielte Fragen. Dabei wirkt seine Stimme leise und unsicher. Akzentuierungen, die auf ein bestimmtes Interesse und einen besonderen Wunsch hinweisen, sind kaum zu vermerken. Seine Terminologie ist indirekt und beziehungsorientiert. Es signalisiert eine gewisse Apathie und Antriebslosigkeit. Das Lämmchen verhält sich eher wie ein Statist und weniger wie ein aktiver und am Geschäft interessierter Käufer.

Der Makler befindet sich in einer schwierigen Lage. Naturgemäß tendiert er dazu, seine Aufmerksamkeit auf die aktivere Person (Hund) zu richten. Das Gespräch ist primär bilateral, also zwischen

Makler und Hund. Je mehr der Makler mit dem lebhafteren Käufer spricht, desto weniger widmet er seine Aufmerksamkeit der stillen und zurückhaltenden Person. Das Lämmchen wird automatisch exkludiert. Der Mensch neigt eher dazu, mit der verbal aktiveren Person zu reden und den ruhigeren und scheuen Interessenten links liegen zu lassen.

> Dieses Verhalten ist auch in einer Gruppe charakterlich unterschiedlicher Kinder zu beobachten. Laute Hunde, hyperaktive Affen und redselige Breitmaulfrösche nehmen sich die Aufmerksamkeit. Sie bellen und agitieren, bis sie im Mittelpunkt der Gruppe stehen. Die Erwachsenen kümmern sich zwangsläufig um sie. Lämmchen, Igel und z. T. reservierte Pferde bleiben hingegen ruhig, stören nicht. Sie sind einfach brave Kinder. Fazit: Erwachsene kommunizieren vorwiegend mit störenden Kindern, die dadurch belohnt werden, und sie vernachlässigen oder ignorieren gar die leisen und unauffälligen Kinder. Ein solches Benehmen ist auch unter Erwachsenen zu konstatieren.

Zurück zu unserem Fall. Adressiert der Makler die größte Aufmerksamkeit auf den Hund (**Belohnung**), wird er mit Sicherheit das Lämmchen vernachlässigen bzw. ignorieren (**Bestrafung**).

Dabei vergisst er, dass der eigentlich schwierige Kunde nicht unbedingt der Aktivere ist, sondern eher der Passivere. Der schweigende Kunde, der aufmerksam zuhört und das Objekt gründlich analysiert, erfährt vieles vom Makler, der aber die meiste Zeit mit dem Hund beschäftigt ist. Der Anbieter (Makler) erfährt wenig oder sogar gar nichts von seinem stillen Kunden. Ein solches Verhalten ist schlecht für die Geschäftsbeziehung. Beim Verkaufsprozess sollte der Verkäufer so viele Informationen wie möglich vom Kunden bekommen. In unserem Fall ist es jedoch umgekehrt. Der Makler darf diesen gravierenden Fehler nicht machen.

Der laute, dominante und bellende Hund ist gewiss ein anstrengender Gesprächspartner. Aber dank seiner offenen und direkten Kommunikation liefert er dem Makler automatisch wichtige Informationen, die er für den Geschäftsabschluss dringend braucht. Eine redselige und dominante Person ist aber nicht zwangsläufig auch der Entscheidungsträger oder der Vermögende.

Bekommt ein Lämmchen bei einer solchen Geschäftsverhandlung nicht die erwartete Aufmerksamkeit und Empathie vom Makler, wird es sich in seiner Gegenwart sehr wahrscheinlich nicht zur Entscheidung äußern, und dies noch weniger, wenn es sich um eine negative Antwort handelt. Es entscheidet lieber zu Hause. Heutzutage muss sich eine schüchterne Person nicht mehr dazu überwinden, eine Absage zu vermitteln. Die digitalen Endgeräte sind hier sehr hilfreich. Es reicht eine SMS oder WhatsApp ohne großen Kommentar. So ist das Problem erledigt. Der Hund hat allerdings keinerlei Hemmungen, dem Makler seine persönliche Meinung mündlich zu sagen.

Fazit

Im vorliegenden Fall ist das Lämmchen, und nicht der Hund, der **Entscheidungsträger**. Es ist also die wichtigste Person.

Wenn ein Makler ein Geschäft mit einem solchen Paar machen will, muss er unbedingt die stille, zurückhaltende und angeblich schwächere Person in das Gespräch integrieren, ohne dabei wiederum die aktivere Person zu ignorieren.

Der Makler muss alle Anwesenden in das Gespräch integrieren, verbal und nonverbal. Ohne die Herstellung einer beziehungsorientierten Verhandlung ist es für ein Lämmchen sehr schwer, sich zu öffnen und einen fruchtbaren und sachlichen Dialog zu entwickeln. Es gibt Menschentypen dieser Art, die ein extrem empfindliches Beziehungsohr haben. Die empathische kommunikative Annäherung des Maklers soll eine emotionale Brücke zu dem Lämmchen bauen.

Eine solche Charakterkombination eines Paares ist nicht geschlechtsspezifisch. Ist jedoch die Frau das Lämmchen und der Mann der Hund, wird die Aufgabe des Anbieters noch schwieriger. In jeglichem Kommunikationsprozess sollte man keinen Anwesenden ignorieren, seien es Frauen oder Männer. Einen Mann zu ignorieren ist einfach schlecht, eine Frau zu ignorieren, ist einfach fatal!

Darauf sollten Sie bei Lämmchen achten!

Überblick | das sollten Sie im Umgang mit Lämmchen beachten

» Lämmchen optisch wahrnehmen
» passenden visuellen Kontakt herstellen
» Schaffung eines angenehmen Gesprächsklimas
» es in das Gespräch mit adäquaten offenen Fragen integrieren
» Unsicherheit überwinden, Fingerspitzengefühl zeigen
» ehrliche Wertschätzung und Lob äußern
» Feedback geben
» sein schwach entwickeltes Selbstbewusstsein stärken
» wenn möglich, sich an das Lämmchen erinnern
» Interesse zeigen, Vertrauen aufbauen
» seine Fähigkeiten unbedingt nutzen
» es ausreden lassen, sich Zeit nehmen, es nicht unterbrechen oder überrumpeln
» es als Mensch gewinnen
» Entscheidung nicht unnötigerweise forcieren
» langfristige, solide Beziehungen anstreben
» seine Treue schätzen
» mit passender empathischer Führung Lämmchen in Pferd verwandeln
» Motivation durch: Integration, Vertrauen, ehrliche Wertschätzung und Lob. Seine Qualitäten entdecken und nutzen. Passendes und häufiges Feedback, Pferd als Coach und Mentor

Checkliste | Fehler, die Sie bei Lämmchen vermeiden sollten

» dominantes und arrogantes Auftreten
» zu direkte und harsche Sprache voller Imperative
» Schaffung einer unangenehmen Arbeitsatmosphäre

» seine Kenntnisse ignorieren

» es optisch ignorieren, exkludieren

» aggressive Haltung: bedrohlicher Blickkontakt, Imponiergehabe, Zeigefinger auf das Lämmchen richten, laute und dezidierte Sprache

» es unterbrechen oder nicht zu Wort kommen lassen

» Ungeduld und Irritationen zeigen

» für das Lämmchen entscheiden und es bevormunden

» Lämmchen in die Höhle des Hundes schicken

» sich über es lustig machen

» es gegenüber anderen blamieren oder sogar erniedrigen

» seine schwache Selbstachtung abschwächen

» keine Feedbackkultur

» kein Fingerspitzengefühl

Menschentyp »Igel«
– mürrischer Leistungserbringer

prädominante Eigenschaften:
introvertiert, kritisch, misstrauisch, zuverlässig

Was Sie vorab über Igel wissen sollten!

Die Igel (*Erinaceidae*) bilden eine Familie von Säugetieren. In Kinderbüchern wird dieses kleine Tier so beschrieben: An den braunen Stacheln mit weißer Spitze sind Igel ganz leicht zu erkennen. Etwa 8000 von diesen Stacheln, die eigentlich umgewandelte Haare sind, tragen sie auf dem Rücken. Nur am Bauch und im Gesicht, rund um die immer feuchte Nase, die dunklen Knopfaugen und um die Ohren wachsen Haare.

Menschentypen mit Igel-Eigenschaften bekommen für diese Lektüre wichtige zusätzliche Charaktereigenschaften.

» Der **introvertierte**, verschlossene und auch mürrische Igel-Typ fühlt sich wohl in seiner stachligen Haut.

» Intensive Kontakte mit der Außenwelt braucht er nicht unbedingt.

» Damit er sich allmählich öffnet, bedarf es nicht nur Zeit, sondern auch eines großen physischen **Abstands** zum Nachbarn (Gesprächspartner).

» Mit seinen spitzen Stacheln verteidigt er vehement sein **Territorium** vor Fremden und Eindringlingen.

Während das Lämmchen sich durch Lob, Wertschätzung und Aufmerksamkeit graduell öffnet, leistet der Igel hingegen **hartnäckigen Widerstand**.

Seine große Vorsicht und auch seine unverkennbare **Defensivhaltung** stellen eine imaginäre Barriere für Arbeitskollegen dar, welche nicht leicht zu überwinden ist. Kommt man ihm physisch zu nah, überschreitet also den vitalen Abstand, nimmt er seine spitzförmigen *Drähte* raus und beginnt zu stechen. Dieses Verhalten ist eine reine Verteidigungsaktion.

Wissen | soziale Distanz

Zwischen den Menschen gibt es eine soziale, physische Distanz. Sie entspricht der Armlänge der am Dialog beteiligten größeren Person plus X cm. Überschreitet ein Gesprächspartner diesen Mindestabstand, zieht sich der andere automatisch zurück. Die physische Annäherung wird dadurch abgeblockt.

Beim Igel ist das Bedürfnis, die soziale Distanz zu bewahren, sehr groß. Der variable subjektive Abstand X wird also länger. Er hat deswegen auch gar keine Probleme bei infektiösen Pandemien das sogenannte Social Distancing zu respektieren.

Kein leichter Gegenspieler für Hunde, Affen und Frösche

Ein impulsiver Hund, ein neugieriger Affe oder ein gesprächiger Frosch bekommen schnell die Kontraoffensive des Igels zu spüren. Für enthusiastische, gesellige, offene, initiativorientierte und stürmische Kollegen gestaltet sich der Umgang mit dem typischen Igel ziemlich mühsam, und er ist voller Überraschungen.

Der kritische Blick mit **zusammengezogenen Augenbrauen** und **vertikalen Stirnfalten** ist das exemplarische Zeichen eines Igels. Ein solch ernster Gesichtsausdruck, ohne einen Hauch von Lächeln, vermittelt dem Gegenüber ein gewisses Misstrauen.

Ähnlich wie das Lämmchen hört der Igel lieber zu und redet wenig. Tut er dies doch, dann kommen oft eher kritische Kommentare. Er ist mehr mit sich selbst als mit anderen beschäftigt. Der Igel übernimmt selten die Initiative und verhält sich in der Regel teilnahmslos. Humor und Optimismus sind bei ihm wenig ausgeprägt. Zum Repertoire des Igel-Typs gehören Pessimismus und personenbezogene Kritikorientierung.

> Geht ein Gesprächspartner auf den Igel zu oder überschreitet gar seine große vitale, körperliche Distanz, läuft er Gefahr, dass der Igel sich blitzschnell ‚einigelt‘, seine Stacheln also zum Selbstschutz ausfährt. Er tut dies weniger aus Angriffslust als vielmehr aus Angst und zur Verteidigung. Allerdings wirkt er dabei – auf zurückhaltende Art – ziemlich aggressiv.

Enthusiasmus, Beredsamkeit und Unterhaltung sind nicht Igels Stärken

Der klassische Igel ist weder der geborene Verkäufer noch der enthusiastische und persuasive Redner. Im Gegensatz zu Frosch und Affe hat er bei Vorträgen kein Problem mit dem Zeitmanagement und der Referatsstruktur, an die er sich gerne klammert. Wegen seines starken **Sicherheitsbedürfnisses** favorisiert er das Vorlesen statt der freien Rede. Am Arbeitsplatz ist er ein guter und zuverlässiger Informations- und Wissenslieferant, aber nicht unbedingt ein gefragter Unterhalter. Er arbeitet gerne in der Verwaltung oder in

Bereichen, wo seine Akribie und systemaffine Vorgehensweise gebraucht werden.

Liebt akribische Tätigkeiten in einem Monotasking-Milieu

Beliebte Tätigkeiten des Igels sind Recherchen, das Ordnen und Zusammenfassen wichtiger Informationen und Ergebnisse, das Skizzieren von Vorträgen, das Strukturieren und Protokollieren von Präsentationen. In der Politik und in Führungsetagen agieren Igel am liebsten im Hintergrund. Gerne engagieren *geborene* Politiker oder rhetorisch versierte Chefs diesen Menschentypus für die akribische Vorbereitung ihrer politischen und betriebswirtschaftlichen Vorträge, Diskussionen und Debatten. Igel fungieren in dieser Tätigkeit als permanent unsichtbare Begleiter von berühmten Giraffen. Der Igel ist für diese Giraffenpersönlichkeit kein Konkurrent. Sogar das zurückhaltende und scheue Lämmchen hat diesbezüglich mehr Chancen, sich allmählich zu profilieren, als der Igel. Der Erfolg begnadeter und viel beschäftigter Redner hängt immer auch von der Validität der vom Igel vorbereiteten Argumente ab. In dieser Funktion findet der Igel seine höchste Motivation und Leistungsbereitschaft. Es lebe also die Komplementarität unterschiedlicher Charakterzüge und Situationen!

In Stresssituationen kann er sogar explodieren

Bei Diskussionen und Auseinandersetzungen bleibt er ruhig und wirkt unscheinbar. In Stresssituationen kann er schnell ausbrechen. Trifft man, bewusst oder unabsichtlich, seinen **Schwachpunkt**, dann kann er von einem Moment zum anderen explodieren. Ein solcher Ausbruch ist beim Igel selten und kommt daher für die Beteiligten meist völlig unerwartet. Der Schaden kann für den Igel beträchtlich sein, da er in dieser Situation kaum mehr in der Lage ist, sich zu kontrollieren. Die Explosionsintensität beim Igel-Typ entspricht dem physikalischen Gesetz von Actio und Reactio: Je größer die **Implosion**, umso heftiger die **Explosion**.

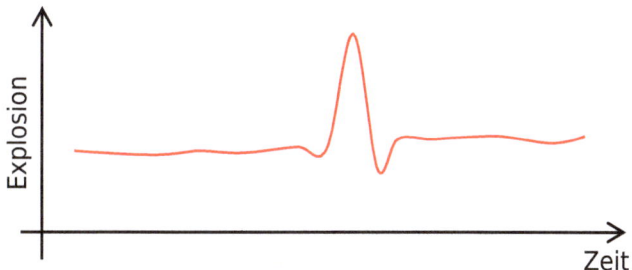

Der Igel ist ein eher unnahbarer Mensch. Daher ist der Umgang mit ihm schwierig. Er ist aber ein aufmerksamer Zuhörer. Auf diese Weise bekommt er zahlreiche Informationen, ohne selbst aktiv am Gespräch teilzunehmen. Bevor der Igel Stellung nimmt, analysiert er gründlich die Lage und die Äußerungen des Gegenübers. Dabei gewinnt er wertvolle Zeit, um mögliche versteckte Schwachstellen seiner Kontrahenten aufzuspüren. So bekommt er Sicherheit für seine kritischen Gegenargumente.

Der Igel, das Gewohnheitstier

In Unternehmen sind Igel jedoch fleißige und zuverlässige Mitarbeiter. Sie favorisieren gewohnte und vertraute Umgebungen und machen aus ihrer Aversion gegen Veränderungen keinen Hehl. Anpassungsfähigkeit, Veränderungskatalysatoren, Experimentierfreudigkeit und Abenteuerlust sind beim Igel begrenzt. Primär brauchen sie Gewissheit. Sie favorisieren vorhersehbare Situationen; spontanen Aktionen stehen sie eher ablehnend gegenüber. Wenn sie improvisieren müssen, fühlen sie sich unwohl. Dann steigt ihre Unsicherheit und Introvertiertheit. Für den Igel ist eine gründliche Themenvorbereitung ein wertvolles Mittel, um Sicherheit zu gewinnen, selbstbewusster aufzutreten, offener und zugänglicher zu erscheinen.

Das sollten Sie wissen!

»Am Arbeitsplatz agieren Igel-Typen lieber ungestört im Hintergrund. Sie bevorzugen es, in einem Monotasking-Milieu zu arbeiten, also ohne permanente Unterbrechungen und lästige Ablenkungen. Dort fühlen sie sich am sichersten und liefern ihre höchste Leistung. Ständige Störungen und Umgang mit überaktiven Kollegen bringen den Igel durcheinander und verunsichern ihn.

Bei Spannungen innerhalb des Teams oder im Umgang mit dominanten, hyperaktiven oder arroganten Menschen haben sie eindeutig Schwierigkeiten. Sie können extrem empfindlich reagieren und sich schnell einigeln.«

Keine Divas, sondern bescheiden und introvertiert

Bei Mannschaftsspielen macht der Igel – ohne großes Wenn und Aber – was man ihm sagt. Er erledigt seine Aufgabe, ohne Allüren an den Tag zu legen. Sogar exzellente Spieler bleiben eher bescheiden und prahlen nicht. Sie konzentrieren sich vielmehr auf das Spiel und sind bestrebt, ihr spielerisches Talent zu zeigen, nicht aber notorisches Divengehabe. Auch privat verhalten sich Igel eher reserviert und sie geben kaum Privates preis. Prominente Igel-Typen geraten selten in den Fokus der Boulevardpresse.

Ist der Leader ein Igel – das kommt eher selten vor –, findet sowohl die vertikale als auch die horizontale Kommunikation nur sporadisch statt. Die wenigen Meetings und jährlichen Mitarbeiterbesprechungen sind kurz und knapp terminiert, gut strukturiert, jedoch vorwiegend sachlich und inhaltszentriert. Die menschliche Komponente rückt bei der Führungskraft Igel zwangsläufig in den Hintergrund. Bilaterale Gespräche sind noch seltener. Die Feedbackkultur gehört nicht zu den wichtigen Anliegen eines echten Igels, der mehr an detaillierten Teilaspekten und Ergebnissen als an Gesprächen mit Mitarbeitern interessiert ist.

Nicht der innovativste Leader

Abgesehen von einigen Ausnahmen benimmt sich der Igel in einer Führungsposition eher wie ein **Buchhalter** und weniger wie ein Leader. Visionen, Innovationen, langfristige Strategien und risikoaffine Entscheidungen ersetzt er durch kurzfristige Strategien, Kontrolle, Planungsdurchführung und risikoaverse Entscheidungen. Er verwaltet also mehr, als er führt.

Überblick | prädominante Eigenschaften
des Menschentypus Igel

» introvertiert, redet wenig
» hört gut zu
» abweisend
» kritisch, misstrauisch
» Tendenz zum Pessimismus
» liebt Ruhe, arbeitet lieber allein
» Selbstwertgefühl schwach entwickelt
» höchste Leistung in einem Monotasking-Milieu
» hasst Störungen
» folgt Anweisungen, zuverlässig
» kein ausgesprochener Teammensch
» implodiert, igelt sich ein
» meidet Konfrontation
» kein Mittelpunktmensch
» kein Primadonna-Verhalten
» braucht physischen Abstand und Zeit
» wird oft gemieden
» innovationsavers
» liebt vertraute Umgebung
» Empathie schwach entwickelt
» kann in Stresssituationen explodieren

Körpersprache des Igels

Ein auffallendes Merkmal des Igels ist sein Gesichtsausdruck. Der kritische Blick, die hin zur Gesichtsmitte zusammengezogenen Augenbrauen und die markante, vertikale Stirnfalte zeugen von einem gewissen Misstrauen.

Das sollten Sie wissen!

»In Stresssituationen, etwa bei kontrovers diskutierten Themen oder heiklen Gesprächen mit Vorgesetzten, bekommen Igel schnell einen roten Kopf. Nicht Verlegenheit ist der Grund für das Erröten, sondern unterdrückte Aggression und Wut. Unter Anspannung kauen sie oft die Fingernägel oder kratzen sich am Körper, insbesondere am Hals. Häufig ziehen sie sich zurück und neigen den Kopf nach unten.

Kurze Schritte, leiser Gang, großer physischer Abstand zum Ansprechpartner und die notorische Zurückhaltung, das sind die markantesten Merkmale von Igel-Menschentypen. Überschreitet jemand des Igels vitale Körperdistanz, verteidigt er sie mit kritischer und dezidierter Ablehnung.«

Männliches vs. weibliches Verhalten

Es gibt kaum signifikante Gender-Unterschiede bei den Igeln. Lediglich bei einer Begegnung zwischen einem weiblichen Igel und einem initiativfreudigen und Kontakt suchenden männlichen Tier, verhalten sich die Frauen noch reservierter und zurückhaltender als die Männer.

Der Blickkontakt der Igel-Frau mit männlichen Mitmenschen ist noch schwächer und kürzer als beim männlichen Igel-Typus. In kritischen Situationen verbergen Frauen mit ihren Haaren, Pullovern, Schals etc. zuweilen Teile ihres Gesichts. Im Sitzen verstecken sie gerne ihre Daumen unter der Hand. Oft legen sie ihre Arme unter dem Tisch ab. Beide Signale verraten ihre unsichere und reservierte Haltung.

Überblick | männliche und weibliche Igel-Typen	
männlich	**weiblich**
introvertierte Erscheinung	introvertierte Erscheinung pointierter
kritischer Blick deutlich	kritischer Blick subtiler
igeln sich ein	
eindeutige abweisende Körperhaltung	abweisende Körperhaltung
große physische Distanz	physische Distanz noch auffälliger
Händedruck eher weich	Händedruck sehr weich
unsicherer Gang, kleine und leise Schritte	unsicherer Gang, sehr kleine und sehr leise Schritte
Kopf nach unten gerichtet	Kopf betont nach unten gerichtet
meidet physischen Kontakt	hasst physischen Kontakt
evidentes Kauen der Fingernägel	das Kauen von Fingernägeln weniger evident
zeigt in Stresssituationen Unbehagen	Unbehagen in Stresssituationen weniger ausgeprägt
rastet ganz aus bei den seltenen Explosionen	rasten aus bei den seltenen Explosionen

Umgang mit dem Menschentyp Igel

Der Igel gehört zu den implosionsgeprägten Menschen, die naturgemäß viel runterschlucken und die offene und harte Konfrontation meiden. Bei stark kontrovers geführten Auseinandersetzungen ziehen sie fast immer den Kürzeren.

Der Igel wehrt sich jedoch mehr als das Lämmchen, das vom Hund, dessen Wildform der Wolf ist, routinemäßig geschluckt wird. Der Widerstand des Igels kann sich bei Beleidigungen oder heiklen Argumenten in gänzlich unerwarteten heftigen Explosionen manifestieren.

Derlei Eskalationen und Wutausbrüche sind schädlich und möglichst zu vermeiden. Die am Gespräch beteiligten Mitarbeiter sollten den Igel daher unterstützen. Um eine unnötige und explosionsartige Zuspitzung zu unterbinden, müssen sie dem Igel die Möglichkeit geben, sich spontan und ohne Zwang zu äußern. Weil er – wie auch das Lämmchen – anfänglich kaum auffällt und in einer Auseinandersetzung nur widerwillig interveniert, sollen Pferde, Füchse oder situationsbedingt sogar Hunde die Initiative ergreifen, ohne jedoch den Igel zu blamieren.

> Will man den Igel in das Gespräch involvieren, dann sollte man seine Verdienste und Fähigkeiten offen erwähnen. Der Igel-Mitarbeiter gehört nicht zu den Menschen, die häufig mit Komplimenten und Lob überschüttet werden.

Manche Igel können mit Würdigungen nicht viel anfangen. Sie sind einfach nicht daran gewöhnt, Wertschätzungen zu bekommen. Dabei kann man sie direkt oder indirekt über ihre gelieferten Resultate und erbrachten Leistungen loben. Die Wertschätzungen sollten jedoch ehrlich sein. Fingerspitzengefühl und Empathie sind gefragt. Dies hilft ihnen dabei, ihre Hemmungen auf kommunikativer Ebene zu überwinden. Erst dann ist der Igel bereit, verbal aktiver zu werden. Die passende kommunikative Annäherung an introvertierte und wortkarge Menschen hat oft einen motivierenden Effekt. Der Fragende sollte sich Zeit nehmen, ruhig und interessiert zuhören und die ganze Aufmerksamkeit ausschließlich dem Igel widmen. Jegliche Abgelenktheit wird vom Igel negativ bewertet und als Beweis für Desinteresse interpretiert. Das muss unbedingt vermieden werden.

Kein angenehmer Verhandler

Bei Verhandlungen ist der Igel kein angenehmer Partner. Dies ist hauptsächlich auf seine **verschlossene Attitüde**, seine Wortkargheit und seine Kontakt- und Entscheidungsschwäche zurückzuführen. Die Detail- und Systemorientierung des Igels sind per se keinesfalls ein Verhandlungshindernis. Dieses Vorgehen ist für eine gut strukturierte und zielaffine Arbeitsweise wertvoll, sollte jedoch von einer entscheidungsaffinen Person adäquat genutzt werden, sonst verliert es seine Wirkung. Der Igel ist sehr auf die Zusammenarbeit mit fähigen Verhandlungsexperten mit gegensätzlichen bzw. ergänzenden Charakteristika angewiesen. In einer solchen Konstellation kann er seinen Standpunkt vertreten, ohne direkt in die heiße Diskussion involviert zu werden. Diese – aus seiner Sicht – unbequeme Aufgabe soll von anderen Personen übernommen werden.

Beispiel 3 | Zwei Igel-Menschentypen als Führungskräfte

In der Verwaltung eines mittelständischen Unternehmens arbeiten 15 Experten eng zusammen. Nach der Pensionierung des Teamleiters hat der Personalchef zwei gleichberechtigte Mitarbeiter zu Teamverantwortlichen ernannt. Zufälligerweise sind beide echte Igel, die sich nicht besonders mögen. Sie wurden beauftragt, zwei unterschiedliche, jedoch ergänzende Führungsfunktionen zu übernehmen. Um die Zusammenarbeit innerhalb der Gruppe zu optimieren, ist eine offene, sachliche und auch mitarbeiterbezogene Kommunikation auf vertikaler und horizontaler Ebene notwendig. Diesbezüglich wurden als Jour fixe wöchentliche Sitzungen geplant und regelmäßig durchgeführt.

Der Personalchef – ein fleißiger und korrekter Mensch, jedoch mit schwachen Menschenkenntnissen ausgestattet – wollte nämlich aus zwei stillen, zurückhaltenden und scheuen Verwaltungsexperten ein ideales Tandem als Führung des 15-köpfigen Teams schaffen.

In dieser Gruppe arbeiten u. a. auch zwei unsichere und schüchterne, fleißige und erfahrene Experten (Lämmchen-Igel-Kreuzungen) sowie auch eine bei allen Kollegen unbeliebte hochnäsige Giraffe, die wegen ihrer Überheblichkeit die Gruppenkohäsion erschwert. Das Team wird seit drei Jahren von diesen zwei introvertierten, antriebsschwachen – und vor allem entscheidungsscheuen – Chefs (männliche Igel) geführt.

Diese beiden Führungskräfte haben jahrelang als Experten ohne jegliche Führungsverantwortung gearbeitet. Fast nie haben sie Aufgaben an Kollegen delegiert. Sie fühlten sich in ihrer Tätigkeit als ausführende Kräfte sehr wohl. Keiner der beiden strebte eine solche leitende und für sie neue Funktion an. Als der Personalchef ihnen diese neue und lukrativere Führungsverantwortung im Tandem anbot, sagten sie ohne zu zögern zu.

Wegen ihrer schwachen emotionalen Intelligenz und ihrer wenig ausgeprägten Sozialkompetenz haben sie sich kaum Gedanken darüber gemacht, wie man ein solches, aus ‚ehemaligen' Kollegen zusammengesetztes Team überhaupt führen kann. Es ist nicht leicht, den Sprung vom Experten zum Manager und vom Manager zum Teamleiter zu schaffen. In einer solchen Lage ist eine Verhaltensänderung innerhalb der Gruppe notwendig. Es ist keine leichte Aufgabe, ehemalige Kollegen zu führen, insbesondere dann, wenn die Chefs und einige Mitarbeiter zu den klassischen Igel-Menschentypen gehören. Hinzu kommt noch eine arrogante Kollegin (Giraffe), die sich grundsätzlich kaum etwas sagen lässt, geschweige denn von ehemaligen Kollegen.

Bei den wöchentlichen Mitarbeiterbesprechungen vermieden es die beiden Chefs bewusst, konstruktive Diskussionen über heikle Themen zu führen und offene Konfrontationen unter den Teammitgliedern anzusprechen. Als Hauptpunkte standen unbedeutende technische Details, *Pseudoprobleme* oder irrelevante und nicht zum Ziel führende Diskussionen an. Es wurde primär über die „Verwaltung des Status quo" diskutiert.

Die Beziehungen unter Kollegen (horizontale Ebene) waren suboptimal. Das erhabene Tier (Giraffe) genoss am Arbeitsplatz eine Sonderstellung und Narrenfreiheit, was wiederum weitere Spannungen zwischen ihr und allen anderen Kollegen schuf. Die Arbeitsatmosphäre war viel zu oft sehr gereizt. Alle Kollegen (Chefs inklusive) litten unter einer permanent angespannten Situation; Motivation und Leistung aller Teammitglieder nahmen ab. Lediglich die Giraffe schien sich dabei wohlzufühlen.

Die entstandenen interpersonellen Inkompatibilitätsprobleme wurden viel zu selten und in unvollständiger Weise thematisiert. Für beide Teamleiter gab es nur bestimmte und, aus Sicht der Teammitglieder, unbedeutende Sachargumente. Die herrschende Spannung auf horizontaler und vertikaler Ebene wurde viel zu lang ignoriert. Die Häufigkeit heftiger und unerwarteter Explosionen, sowohl von den Chefs als auch von Mitarbeitern mit ähnlichen Eigenschaften, nahm rapide zu. Diese für Igel typischen Wutausbrüche schufen eine evidente Verschlechterung hinsichtlich Motivation und Zusammenarbeit der meisten Teammitglieder. Die beiden Chefs waren aus charakterlichen Gründen nicht in der Lage, den Zusammenhalt der Gruppe zu stärken. Ihnen fehlte die Fähigkeit, zu sozialisieren. Außer den wöchentlichen Meetings fanden keine sozialen Events statt, die für den Teamgeist förderlich gewesen wären. Sogar die sonst üblichen Weihnachtsfeiern fielen aus.

Wie erwartet, ging dieses „gewagte" Experiment nach drei quälenden Jahren regelrecht schief. Wegen ihrer schwach entwickelten Führungskompetenz, ihrer geringen Begeisterungsfähigkeit, ihrer Entscheidungsschwäche, ihrer mangelnden Entschlossenheit, ihrer wenig geradlinigen Führung und ihren Problemen im Umgang mit der Giraffe und dem Lämmchen-Igel benahmen sich beide Chefs gegenüber ihren ehemaligen Kollegen weiterhin wie Kollegen und nicht wie Führungskräfte. Auch sie selbst waren Opfer, nämlich Opfer einer Fehlentscheidung. Die Igel waren mit einer solchen – für sie ungeeigneten – Führungsaufgabe regelrecht überfordert. Grundsätzlich sind typische Igel gute und zuverlässige Mitarbeiter, die am liebsten allein oder in kleinen Gruppen agieren. Abgesehen von wenigen Ausnahmen, gehört das Führen nicht zu ihren Stärken.

Fazit

Typische Igel haben mehr oder weniger stark ausgeprägte Schwierigkeiten mit arroganten, dominanten, kontaktfreudigen, redseligen und hyperaktiven Menschen, was sie auch notorisch zeigen. Introvertierte, wortkarge und auch mürrische Igel mit wenig entwickelter emotionaler Intelligenz können gewiss hervorragende Experten sein. Diese fachlich wichtigen Qualitäten reichen aber nicht aus, um eine gute Führungskraft zu sein. Das Team war stark demotiviert und frustriert. Die zwei Chefs mit Igelattributen fühlten sich in dieser Funktion wie Fremdkörper. Am Ende gab es keinen Gewinner und nur Verlierer.

Darauf sollten Sie bei Igeln achten!

Überblick | das sollten Sie im Umgang mit Igeln beachten

- » empathische Vorgehensweise
- » Igel optisch wahrnehmen, inkludieren
- » offene Fragen stellen, gut zuhören
- » physische Distanz respektieren, sie nie überschreiten
- » physischen Körperkontakt auf ein Minimum reduzieren
- » schrittweise Annäherung (verbal)
- » keine harte, schnelle und aggressive Vorgehensweise
- » keine Provokation, keine Imperativform
- » keine Blamagen (Gesichtsverlust)
- » Bedürfnis nach Reserviertheit respektieren
- » Vertrauen gewinnen, seine ablehnende Haltung sukzessiv überwinden
- » vorsichtige Kritik, Fingerspitzengefühl
- » Selbstwertgefühl stärken
- » Interesse zeigen
- » bewusst in das Gespräch integrieren
- » bei bekanntem Igel: sich an ihn erinnern
- » im Gespräch, und vor allem bei Entscheidungen, ihm Zeit lassen

> » Motivation durch: Akzeptanz, Appell an seine Kenntnisse und Zuverlässigkeit, ihm Zeit geben, Integration, ehrliche Wertschätzung, Feedback, ein Pferd als Coach oder Mentor

Checkliste | Fehler, die Sie bei Igeln vermeiden sollten

» Dominanz (Hund), Ungeduld (Affe), Arroganz (Giraffe) permanent zeigen

» seine Arbeitsweise – Akribie, Reserviertheit, Monotasking-Attitüde, Alleinsein – als Mangel darstellen

» sein schwach ausgebildetes Selbstwertgefühl noch mehr abschwächen

» ihm nicht die notwendige Zeit gewähren

» physische Distanz ignorieren

» ihn überrumpeln

» kumpelhafte Körpersprache (Schlag auf die Schulter)

» öffentliche, direkte und harte Kritik

» befehlender und herablassender Ton

» zynische Bemerkungen äußern

» Igel provozieren, unkontrollierte und schädliche Explosionen verursachen

» Igel nicht wahrnehmen, gänzlich isolieren

» Konfrontation suchen

» kein Vertrauen schenken, Misstrauen zeigen

» kein Interesse zeigen

» kein Fingerspitzengefühl

Menschentyp »Nilpferd«
– träger Pflichterfüller

prädominante Eigenschaften:
phlegmatisch, hört kaum zu, passiv,
lässt sich nicht aus der Ruhe bringen

Was Sie vorab über Nilpferde wissen sollten!

Das Nilpferd (*Hippopotamus amphibius*), auch oder *Hippopotamus* genannt, ist ein großes, pflanzenfressendes Säugetier. Es zählt zu den schwersten landbewohnenden Säugetieren nach den Elefanten. Nil- oder Flusspferde sind schwerfällige Tiere mit einem fassförmigen Körper, einem wuchtigen Kopf und kurzen Gliedmaßen. Sie verbringen praktisch den ganzen Tag schlafend oder ruhend und halten sich im Wasser oder in Gewässernähe auf. Sie tauchen oft bis zu den Augen, Ohren und Nasenlöchern unter Wasser. Obwohl gut an ein Leben im Wasser angepasst (amphibische Lebensweise), sind Flusspferde schlechte Schwimmer.

Menschen mit Nilpferd-Attitüde besitzen auch andere Eigenschaften:

» Aufgrund ihrer Behäbigkeit und Passivität werden Nilpferd-Typen als **phlegmatische**, schwerfällige, eher desinteressierte, initiativarme und schläfrige Menschen bezeichnet.

» Der Nilpferd-Typus zeichnet sich nicht durch hohe Konzentrationsfähigkeit und Aufmerksamkeit aus. Weil das <u>echte</u> Nilpferd **kleine Ohren** hat, sind Zuhören, Konzentration, Aufmerksamkeit nicht die Stärke des Nilpferd-Menschen.

» Vor allem bei Sitzungen, Workshops, Präsentationen und Symposien fallen Nilpferde als **träge** Teilnehmer auf.

Warum verhalten sich manche Menschen wie <u>echte</u> Nilpferde?

Passivität kann mannigfaltige Ursachen haben. Es gibt Menschen, denen es aus gesundheitlichen oder physiologischen Gründen schwerfällt, aktiv bei der Sache zu sein, insbesondere dann, wenn sie verhältnismäßig lange zuhören müssen. Auch rhetorisch brillante Referenten stoßen mit ihrer Beredsamkeit und Unterhaltungskunst bei Zuhörern mit solchen **Konzentrationsschwierigkeiten** an ihre Grenzen. Gemeint sind vor allem die wahren Nilpferd-Typen. Bei diesen handelt es sich um eine eher kleine Population im Reich der Tiertypologie. In der Tat kann sich jeder Mensch – sogar der wachsame Fuchs, das aufmerksame Pferd oder der vitale Hund – für eine gewisse Zeit und in bestimmten Situationen wie ein Nilpferd benehmen.

Gibt es eigentlich <u>echte</u> Nilpferde?

Genau betrachtet, ist das Nilpferd kein eigener Typus. Alle Menschen können unter bestimmten Umständen Nilpferdeigenschaften hervorkehren. Die Ursachen eines solch fragilen Konzentrationsvermögens und der Unlust am aktiven Zuhören oder Mitmachen können vielfältiger Natur sein: Müdigkeit, Uhrzeit, Qualität der Luft, Zimmertemperatur, Lichtintensität, unbequemes Sitzen, schweres Mittagessen, Verdauungsprobleme, vorabendlicher Alkoholkonsum und viele andere ungünstige Faktoren.

Das sollten Sie wissen!

»Insbesondere inhaltsorientierte Redner – Techniker, Spezialisten, Experten, Sachbearbeiter etc. – tendieren gerne dazu, dem Publikum alles in aller Ausführlichkeit darzulegen und zu kommentieren. Diese Fülle an Zahlen, Fakten und zahlreichen überflüssigen Details langweilen die meisten Zuhörer. Solche eintönigen Vortragsredner besitzen die Fähigkeit, geistig aktive Pferde, Füchse, Affen, Giraffen etc. in mental passive Nilpferde zu verwandeln.«

In diesen Fällen liegt die Ursache des Problems nicht bei den anwesenden Zuhörern, sondern vielmehr am mangelnden Gebrauch adäquater rhetorischer Mittel und persuasiver Kommunikation des Redners.

Es gibt jedoch auch von Natur aus phlegmatische Personen am Arbeitsplatz, die kaum Interesse an der Sache haben. Dazu gehören etwa Menschen, die kurz vor der Rente stehen, oder Mitarbeiter, die in einem perspektivarmen Unternehmen ohne Leistungsanreize und Kontrolle arbeiten. Es gibt jedoch Mitarbeiter, die ihr Phlegma, ihre Apathie und ihr Desinteresse auf Kosten anderer Kollegen pflegen.

Nilpferde lieben Routine

Ein Nilpferd gilt nicht als treibende Kraft. Routine bestimmt seinen täglichen Arbeitsprozess. Seine größte Motivation besteht darin, den Status quo nicht signifikant zu ändern. Als Kollege erledigt es seine tägliche Arbeit mit Ruhe und Gelassenheit.

Langfristige Ziele und Visionen werden eher von einigen ehrgeizigen, aktiveren Mitarbeitern und weniger von klassischen Nilpferden vorangetrieben.

Die ambitionierten unter ihnen können auch die Führung übernehmen.

Führungskräfte solchen Menschenschlags gewähren Mitarbeitern viel Spielraum

Als Führungskraft favorisiert ein echtes Nilpferd meistens den Laissez-faire-Führungsstil. Daneben bestehen keine anderen validen Führungsalternativen. Wie der Begriff *laissez faire* besagt, gewährt der Chef den Mitarbeitern viel Freiheit und Gestaltungsspielraum. Sie bestimmen teilweise selbst über ihren Arbeitsablauf und die dazugehörige Organisation. Der Vorgesetzte mischt sich kaum in die betrieblichen Abläufe ein.

Nilpferde als phlegmatisch wirkende Verhandlungspartner

Die Begriffe Verhandlung und Verhandeln enthalten das Substantiv Handlung bzw. das Verb handeln. Diese Termini implizieren Aktivität, d. h., eine aktive, verbale und nonverbale Teilnahme der beteiligten Personen, wobei die verbale Sprache von der Körpersprache unterstützt wird. Ohne diese zwei essenziellen Kommunikationsmittel findet keine Verhandlung im engeren Sinne statt. Der echte Nilpferd-Typ besitzt nur begrenzt diese Eigenschaften.

> Bei kräftezehrenden, stressigen und langwierigen Verhandlungen ermüden Nilpferde schneller als andere Tiertypen. Sind die Themen für sie wenig interessant, haben sie keinerlei Hemmungen, ihr Phlegma offensiv zu zeigen. Die offenkundige Demonstration von Desinteresse und mentaler Abwesenheit kann auch ein Zeichen für Antipathie gegenüber dem Verhandlungspartner sein.

Überblick | prädominante Eigenschaften des Menschentypus Nilpferd

» phlegmatisch, bequem, Sitzfleisch
» reagiert passiv auf langweilige Reden
» hört kaum oder sehr selektiv zu
» kurze Konzentrationsspanne insbesondere bei Monologen
» desinteressiert

» Aversion gegen (sehr) ausführliche Präsentationen von Zahlen, Daten, Fakten

» sucht andere Beschäftigungen, nickt gerne ein

» schwer zu motivieren, unsensibel

» tut lediglich seine Pflicht

» wirkt aktiver im Dialog

» in Diskussionen und Verhandlungen behält es seine Contenance und Passivität

» provoziert niemanden

» lässt sich kaum provozieren

» kann deeskalierend wirken

Körpersprache des Nilpferdes

Das echte Nilpferd sucht in einem Symposium am liebsten die hinteren Plätze auf und macht es sich dort so bequem wie möglich. Dabei ist sein Körper für längere Zeit ziemlich regungslos. Die Augen wirken müde und sind halb geschlossen. Seine Arme sind entweder gefaltet oder sie liegen auf dem leicht nach vorn gestreckten Bauch. Die Beine sind bewegungslos.

Nicht reinrassige Nilpferde zeigen anfänglich keine spezifischen nonverbalen Merkmale dieser Tiergattung. Das desinteressierte und phlegmatische Benehmen entwickelt sich sukzessiv.

Das sollten Sie wissen!

»Bei langen, intensiven Sitzungen und Vorträgen sackt der Körper langsam nach unten ab, bis sich der Kopf nicht mehr als 20 cm über dem Tisch befindet; dabei werden seine Beine länger und länger! Seine Augen schließen und öffnen sich für eine Weile, bis sie schließlich ganz geschlossen bleiben.

In diesen Phasen erreicht die Konzentration des Nilpferde den „Gipfel" der Talsohle! Es hört kaum zu und ist nur noch rein physisch präsent, aber mental nicht dabei.«

Neben den Ermüdungserscheinungen sind beim Nilpferd auch anderweitige Beschäftigungen, etwa mit Gegenständen und elektronischen Geräten, zu beobachten. Die Aufmerksamkeit mag da sein; allerdings keine auf den Redner gerichtete.

Männliches vs. weibliches Verhalten

Geschlechtsspezifische Unterschiede sind kaum wahrnehmbar. Wie so oft zeigen feminine Nilpferde eine bessere Körperbeherrschung. Sie sind bemüht, ihren Körper aufrecht zu halten. Das Gähnen und die müden Augen bleiben ihnen doch nicht erspart. Phlegma, Regungslosigkeit und die sehr bequeme Körperhaltung sind bei beiden Geschlechtern nicht zu verbergen.

Überblick | männliche und weibliche Nilpferd-Typen

männlich	weiblich
phlegmatisch, lethargisch	Phlegma und Lethargie weniger betont
sehr bequeme Sitzhaltung	bequeme Sitzhaltung
allgemeine passive Körperhaltung	
Beine werden immer länger und länger	versucht, die Beine nicht zu sehr zu strecken
lässt sich kaum aus der Ruhe bringen	
Hände auf dem Bauch gefaltet	
sucht andere Beschäftigungen	
nickt gerne ein	
gähnt oft und gerne	versucht, das Gähnen zu unterdrücken
Augen halb oder ganz geschlossen	bemüht, die Augen offen zu halten

Umgang mit dem Menschentyp Nilpferd

Das Ziel des Redners sollte also darin bestehen, die **Mutation** anderer Tiertypen zum Nilpferd zu verhindern oder zumindest zu begrenzen. Bei Vorträgen und Präsentationen hat er genügend Hilfsmittel, die er gezielt einsetzen kann, etwa die Länge des Referats oder die Dichte der vermittelten Informationen (Textfülle, Zahlen und Fakten). Zu kritisieren ist insbesondere der Missbrauch von PowerPoint-Projektionen. Bei Seminaren benutze ich gerne folgenden Spruch auf Englisch: *„A lot of points but no power"* (viele Informationen, aber ohne Enthusiasmus).

Wenn bei Sitzungen, Symposien und Workshops Redner zu leise, monoton und kraftlos sprechen, oder, noch schlimmer, wenn sie lange Texte buchstäblich vorlesen, und das ohne jeglichen Blickkontakt und passende Stimmintonation, ist es sehr schwer, die Aufmerksamkeit der Anwesenden zu stimulieren. Es kann also nicht verwundern, dass selbst die Menschen, die gut zuhören können und am Thema interessiert sind, einfach abschalten und gedanklich ganz woanders sind. Sie greifen dann schnell zum Smartphone und fangen an, sich mit anderen Sachen zu beschäftigen.

Die Kunst eines überzeugenden und brillanten Vortrags besteht darin, die Argumente so zu selektieren, dass sie das Interesse der meisten Konferenzteilnehmer wecken. Das gelingt durch die Kombination von Inhalt und einer gut strukturierten, aber lockeren Vortragsweise. „Das große Geheimnis besteht darin, die Dinge mit Beredsamkeit darzulegen." (Voltaire)

Der Unterhaltungswert und die Begeisterung sind gewiss nicht das Hauptziel einer Präsentation, sie fungieren aber als wichtige Aufmerksamkeitsfänger für die passiven und eher verschlafenen Nilpferde. Gelingt es nicht, diese als Zuhörer zu gewinnen, leiden die Atmosphäre und die Effizienz der Sitzung unter der Apathie mancher Teilnehmer.

Nilpferde aus ihrer Lethargie bewegen

Wie lassen sich Mitarbeiter mit Nilpferd-Verhalten zu mehr Engagement und Hingabe für ihre Tätigkeit motivieren? Auch chronisch passive Menschen haben bestimmte Interessen und Hobbys, die als **Motivationshebel** eingesetzt werden können. Dies impliziert ausreichende Kenntnisse über das betreffende Individuum. Es wird empfohlen, das Nilpferd bewusst in die Gesprächsführung zu involvieren.

Der allererste Schritt ist das Aufspüren und die Anwendung nilpferdkonformer Themen, Ideen oder Vorschläge, welche die unterdimensionierten Ohren eines Nilpferdes aktivieren. Fängt ein Nilpferd damit an, einigermaßen aufmerksam zuzuhören, ist seine Neugierde geweckt. Ab diesem Moment ist der Dialog hergestellt. Das Nilpferd wir sukzessiv zum Protagonisten.

Nilpferde haben doch einen Führungsstil

Der Nilpferd-Laissez-faire-Führungsstil ist gerade bei jungen, gut ausgebildeten und ambitionierten Mitarbeitern beliebt. Denn so erhalten sie den notwendigen Spielraum für ihre Kreativität und die Eigenverantwortung steigt. Das führt zu einer Steigerung ihrer Motivation. Neben der angestrebten Autonomie am Arbeitsplatz brauchen diese jungen Mitarbeiter eine klare Linie und ein häufiges Feedback von ihrem Vorgesetzten. Ob ein typischer Nilpferd-Typus diese Empfehlung annimmt, sei dahingestellt.

Wie bereits erwähnt, ist ein untätiges Nilpferd genau genommen kein echter Verhandler. Ändert der Nilpferd-Typus seine Einstellung und sein Verhalten nicht, sollte es eine andere Person beauftragen, die diese Funktion übernimmt.

Das sollten Sie wissen!

»Trotz negativer Attribute dieses Menschenschlages können Nilpferd-Typen eine beruhigende Funktion ausüben. Bei absehbar hitzigen Auseinandersetzungen sollten lässige, phlegmatische und unsensible Menschen durchaus ganz gezielt eingesetzt werden. Durch ihre Gelassenheit und Regungslosigkeit bauen sie Spannungen ab.

Lautstarke Hunde werden entmutigt, weiter zu bellen, und hyperaktive Affen besänftigt. Finden Hunde, Frösche, Affen und andere störende Individuen keinen aufgeregten und impulsiven Widersacher, verlieren sie die Lust am Streit. Ruhe und Besonnenheit sind wiederhergestellt.«

Beispiel 4 │ Referat halten vor müden Zuhörern (Nilpferden)

Das folgende Beispiel erläutert die üblichen Schwierigkeiten bei einem Abendreferat vor erschöpften und müde wirkenden Zuhörern, also zu Nilpferden mutierten Affen, Füchsen, Giraffen, Pferden, Fröschen und Hunden.

Eine deutsche Interessenvertretung organisierte die jährliche Mitgliederversammlung. Am Ende der anstrengenden langen Veranstaltung gab es einen nichtfachspezifischen Vortrag, der von 20:30 bis 21:30 Uhr stattfinden sollte – also nach dem Abendessen. Während des ganzen Tages hatten die Verbandsmitglieder an zahlreichen Gruppenarbeiten, Workshops und Sitzungen aktiv teilgenommen. Am Abend feierten sie gemeinsam bei einem typisch deutschen und deftigen Abendessen mit reichlich Bier und Wein.

Punkt 20:30 Uhr ging der Referent auf die Bühne und spürte sofort die stickige, sehr warme von Essen und Bier geschwängerte Luft. Die Zuschauer hatten sich schon vor Beginn des Referats in der gemütlichen Haltung erschöpfter und teilnahmsloser Nilpferde bequem gemacht. Ihre Beine wurden immer ‚länger' und die Oberkörper immer ‚kürzer'. Von manchen Verbandsmitgliedern waren nur die Köpfe über dem Esstisch zu erkennen. Der Oberkörper schien gänzlich verschwunden! Die schon schwer gewordene Atmung erfolgte primär durch den Mund. Arme und Hände waren regungslos auf oder – ganz versteckt – unter dem Tisch abgelegt. Träge Blicke hinter halb geschlossenen Lidern vervollständigten das Bild.

Der Redner spürte diese für einen Referenten schwierige Situation sofort. Er schaltete den Beamer aus und das Licht an, um die erschöpften Köpfe der Zuschauer – fast nur Männer – besser beobachten zu können. Danach stellte er einen intensiven, aber angenehm visuellen Kontakt zu allen 30 Zuschauern – von Zuhörern konnte in dieser ersten Phase nicht die Rede sein – her.

Bei solchen Vorträgen sind die nonverbale und insbesondere die visuelle Kommunikation das effektivste Mittel, um die Zuschauer direkt anzusprechen; bis zu dem Moment, wo Referent und Publikum sich bewusst gegenseitig wahrnehmen.

Nach der Herstellung einer nonverbalen Beziehung zum Publikum erfolgte die ersehnte Umwandlung des Publikums „vom Zuseher zum Zuhörer". In dieser zweiten Phase war das primär verbale Ziel des Vortragenden, die hergestellte Aufmerksamkeit mit Witz, Anekdoten, frei vorgetragenen rhetorischen Finessen und einer situationsgerechten Sprache weiter zu stimulieren, um das Interesse des Publikums am Inhalt zu wecken. Improvisationstalent und eine zuhöreradäquate kommunikative Annäherung waren während der ganzen 60 Minuten gefragt. Nur so gelang es dem Referenten – ein vitaler, enthusiastischer und erfahrener Fuchs – die Zuhörer zu involvieren, sie auf verbale und nonverbale Weise zu begeistern und den Inhalt in einer angepassten Art und Weise erfolgreich zu vermitteln.

Fazit

Der Redner muss sich also im Voraus nach der Zusammensetzung und dem physischen Zustand des Publikums erkundigen und sich danach richten, und nicht andersherum. Auf der Bühne muss er schnell handeln und seine Vortragsstrategie gegebenenfalls komplett umstellen. Es ist nämlich keineswegs sinnvoll, stur dem eigenen schriftlichen Konzept zu folgen. Das „Entertainment" ist hier bei Weitem wichtiger als die traditionell vorgetragene, sachliche und trockene Informations- und Faktenvermittlung. Der vorwiegend frei gehaltene Inhalt der Rede wird Teil des Entertainments, nicht umgekehrt. Der Referent muss die Zuschauer so schnell wie möglich zum Lachen bringen. Solange sie lachen, sind sie bereit, den Redner zu unterstützen. Das ist vielleicht die beste Möglichkeit, die anfänglich erschöpften Zuschauer (Nilpferde) allmählich als interessierte Zuhörer (Pferde) zu gewinnen. Das kann jedoch nicht jeder. Füchse und Affen und teilweise Hunde können hier eine solche Situation erfolgreich meistern.

Darauf sollten Sie bei Nilpferden achten!

Überblick | das sollten Sie im Umgang mit Nilpferden beachten

Prämisse:

[1] Bei den sogenannten <u>echten</u> Nilpferden – es handelt sich jedoch um eine überschaubare Population – sind die Kommunikations- und Motivationsmittel beschränkt.

[2] Die Aufmerksamkeit konzentriert sich primär auf die sogenannten <u>gewordenen</u> bzw. <u>gemachten</u> Nilpferde, also um aktive und interessierte Menschen, die erst während Sitzungen, Präsentationen, Diskussionen oder sogar Verhandlungen in Nilpferde mutiert sind.

Vor den Präsentationen, Symposien, Sitzungen etc.:

» Zuerst sollte sich der Redner vor seiner Präsentation über die Zusammensetzung der Hörerschaft erkundigen, also wer sind die Teilnehmer und was haben sie bis zur Rede gemacht.

» Wie ist die allgemeine Stimmung gegenüber dem Referenten, Thema und der spezifischen Situation.

» Raum und Fazilitäten anschauen: Größe, Lichtverhältnis, Luftqualität, Bestuhlung, Tischordnung, Podest, Mikrophon, Akustik, Beamer-Projektor, Leinwand, Lärm und Störungen innerhalb und außerhalb des Sitzungssaals etc.

» Uhrzeit, Länge des Vortrages bzw. der Sitzung.

» Zahl der Teilnehmer im Verhältnis zur Raumkapazität, Distanz zwischen Zuhörern und Referenten.

Während der Präsentation, Symposien, Sitzungen etc.:

» obige Einflussfaktoren in Betracht ziehen

» optische Kommunikation mit den Zuhörern herstellen

» Interesse des Publikums wecken

» Sind die Sitzungsteilnehmer hellwach oder überfordert?

» Gibt es schon die ersten Signale von Müdigkeit und Erschöp-
fung?

» eventuell leichte Fragen stellen, auf jeden Fall die Zuhörer
zuerst nonverbal und dann verbal einbeziehen

» adäquate Stimmenmodulation, Pausentechnik und angenehmer Blickkontakt zu den Zuhörern

» kein PowerPoint-Abusus

» Prioritäten setzen, unnötiges Zahlen- und Datenmaterial
vermeiden, nur essenzielle Informationen rüberbringen

» Ein guter Redner hat immer die Schere in der Tasche!

» frei reden, nur das Nötigste lesen (keine Vorlesung)

» das Interesse des Publikums ansprechen

» Sprechweise situationsbedingt brillant vortragen

» Esprit und Witz (passend zum Thema, Publikum und zur Situation)

» Enthusiasmus und positive Attitüde zeigen

» Präsentation gut strukturieren: Einleitung, Erzählung, Argumentation, Finale

» Zuhörer fesseln

» eigene Körpersprache – nonverbale Signale – bewusst einsetzen

» Monolog soll vom Publikum wie ein Dialog empfunden werden

» Zuhörer während des Monologs involvieren

» Verhalten: Vitalität (moderates Affenverhalten), Redseligkeit
(moderates Froschverhalten), Schlauheit (moderates Fuchsverhalten), Souveränität (Pferd)

Checkliste | Fehler, die Sie bei Nilpferden vermeiden sollten

» Ursachen des Nilpferd-Verhaltens nur bei den Zuhörern, Kollegen, Vorgesetzen oder Verhandlungspartnern suchen

» keine Überprüfung technischer Einflussfaktoren und der gegebenen Situation der Zuhörerschaft

» zu viel Zahlen- und Faktenmaterial

» sture PowerPoint-Besessenheit

» unpassendes PowerPoint-Material, wie Farben, Schriftgröße, zu viel und schwer lesbarer Text

» stures Vorlesen

» kein visueller Kontakt zum Publikum, es völlig ignorieren

» monotone Vortragsweise wie Länge, Stimme Betonungen, Pausentechnik, Umgang mit Hilfsmitteln etc.

» reden ohne Leidenschaft und Enthusiasmus

» sich selbst wie ein Nilpferd verhalten

» keine Prioritäten setzen, alles wird in gleicher Weise vorgetragen

» keine empathische Kommunikation

» kein Interesse am Publikum zeigen

» nicht auf typische Nilpferd-Signale reagieren

Menschentyp »Giraffe«
– divenhafter Kompetenzträger

prädominante Eigenschaften:
selbstbewusst, machtbesessen, arrogant, gebildet

Was Sie vorab über Giraffen wissen sollten!

Die Giraffe (*Camelopardalis*) ist das höchste an Land lebende Tier. Erwachsene männliche Tiere können bis zu 5–6 Meter und die weiblichen bis zu 4–6 Meter hoch werden. Um zu überleben, müssen Giraffen sich nicht übermäßig anstrengen. Diese eleganten Tiere besetzen eine Nahrungsnische, die sie wegen der für andere Säugetiere unerreichbaren Höhe mit niemandem teilen müssen. Der lange Hals verhilft der sanften und ästhetischen Giraffe schnell zum entscheidenden Vorteil – auch in Bezug auf ihre Feinde. Denn dank ihrer Größe hat sie einen guten und weiten Überblick und kann ihre Feinde rasch ausmachen. So können Giraffen Konfrontationen mit angriffslustigen Spezies rechtzeitig aus dem Weg gehen.

Giraffen-Typen besitzen aber auch weitere interessante Merkmale:

» Sie gehören zu den Menschen, die den größten **Hochmut** zeigen. Ähnlich wie in der Natur, halten sie eine physische Distanz zu den anderen.

» Sie stehen über allen Tieren, die sie „von oben herab" stets mit Leichtigkeit kontrollieren können. Sie behalten also immer eine gewisse **optische Kontrolle**.

» Giraffen-Typen werden zumeist als **elitäre**, arrogante und hochnäsige Individuen tituliert.

» Sie sind die „hohen Tiere" unserer Gesellschaft schlechthin.

» Oft handelt es sich um Menschen in prestigeträchtigen, öffentlichen Funktionen. Giraffen repräsentieren etwas Wichtiges in dieser Welt.

» Sie zeigen ein ausgeprägtes Selbstbewusstsein, strahlen Selbstsicherheit und auch **Selbstgefälligkeit** aus.

Giraffen reagieren oft mimosenhaft

Beim Austeilen zeigen Giraffen-Typen ein offensives Verhalten. Sie reagieren jedoch ziemlich allergisch auf Kritik, selbst auf leise und konstruktiv vorgetragene. Giraffen hassen es, wenn ihnen in der Öffentlichkeit – speziell vor Mitarbeitern und untergeordneten Personen – widersprochen wird. Ihre Reaktion kann dann überaus empfindlich, ja mimosenhaft ausfallen.

Weil sie panische Angst vor Gesichtsverlust haben, versuchen sie, dies mit allen ihnen zur Verfügung stehenden Mitteln zu verhindern. Ein Gesprächspartner muss in diesem Fall mit herablassenden Bemerkungen und gezielten Beleidigungen rechnen.

Als Vorgesetzte zeigen sie ihren Mitarbeitern Hochmut und Härte

Die Wahrscheinlichkeit, dass man eine Giraffe zum Vorgesetzten hat, und zwar auf unterschiedlichen hierarchischen Ebenen, ist sehr groß. Der Umgang mit Giraffen gestaltet sich – auch objektiv betrachtet – mühsam und **schwierig**. Noch delikater wird die Beziehung zwischen einer Giraffe und ihren Mitarbeitern bei umstrittenen Themen und sachlichen Differenzen. Es gibt Führungskräfte dieses Formates, die bei kontrovers geführten Diskussionen mit ihren Mitarbeitern zu drakonischen Maßnahmen greifen. So wurden schon zuverlässige, hochrangige, erfahrene, jedoch ungehorsame Manager einfach gefeuert, weil sie sich erlaubt haben, dem CEO[3], also der Giraffe, öffentlich zu widersprechen. Wie Hunde auch favorisieren Giraffen-Typen den *Coercive Leadership Style* (auf Zwang gerichteter Führungsstil).

Zahlreiche *giraffische* Individuen besetzen hohe und verantwortungsvolle Posten in der Gesellschaft. Sie haben umfangreiche Führungskompetenzen und verfügen über große Entscheidungsbefugnisse. Giraffen werden als erfolgreiche **Führungspersönlichkeiten** in unterschiedlichen Gesellschaftsbereichen voll anerkannt. Das spricht für die Fähigkeiten dieses Menschentyps.

> Das Hauptproblem ist ihr hochnäsiger Habitus. Keiner stellt ihre fachkundigen Kenntnisse infrage, im Gegenteil. Sie werden als hervorragende Experten schlechthin anerkannt. Die Kritik an den Giraffen konzentriert sich fast ausschließlich auf ihr überhebliches Benehmen. Sensible Zuhörer reagieren empfindlich auf die Arroganz dieser selbstgefälligen Menschen.

Nicht selten erscheint die Giraffe in den Medien als **Superman** bzw. **Primadonna**. Giraffen unterstreichen gerne ihre soziale und politische Bedeutung in der Gesellschaft, indem sie zu unterschiedlichen Anlässen für die Öffentlichkeit posieren. Der mächtige und ambitionierte Politiker mit Giraffen-Eigenschaften will auch ein guter Sportler sein, der viel Wert auf einen gut trainierten Körper legt. Auf dem Tennis- und Golfplatz wirken echte Giraffen stets elitär und aufgeblasen.

Giraffen erwarten von ihren Mitarbeitern bzw. Wählern absolute Treue

Ehrgeizige, erfolgreiche und karriereorientierte Giraffen-Typen können selten mit erlittenen **Niederlagen** umgehen. Sie verbinden Erfolg und Niederlage mit ihrer Person. Politiker dieses Menschentyps zwingen quasi die Wähler, ihre Ideen zu unterstützen und sie umzusetzen. Dies erreichen sie dadurch, dass sie das Ergebnis von Referenden oder anderen Entscheidungsverfahren mit ihrem persönlichen politischen Schicksal verknüpfen. Wähler, Unterstützer oder Mitarbeiter werden auf diese Weise dazu gezwungen, nicht nur über die Sache, sondern vor allem über die Person zu entscheiden. Giraffen erwarten von ihren engsten Mitarbeitern **absolute Treue**.

Giraffen-Typen in einer hohen sozialen oder prestigeträchtigen Position – Politiker, Filmdiven, Orchesterdirigenten, Wissenschaftler, Professoren, erfolgreiche Unternehmer, bekannte Spitzensportler etc. – legen großen Wert darauf, von der Öffentlichkeit als **perfekte** und makellose Personen wahrgenommen zu werden.

Für sie ist es essenziell, dass die Entdeckung von persönlichen **Macken** unverzüglich im Keim erstickt wird. Ihre Mängel können mannigfaltiger Art sein, etwa Körpergröße, Körperhaltung, Haarmasse, Hautfarbe, physische Erscheinung, Wissensstand, akademischer Titel, Status, politisches Gewicht oder das Gefühl, weniger wichtig als andere Menschen zu sein. Sie wollen mit Gewalt nur die aus ihrer Sicht positiven Eigenschaften zeigen. Eine Giraffe ist einfach zu wichtig, um mögliche Unsicherheiten preiszugeben.

Diese Attribute führen zu einem giraffenspezifischen Verhalten. Häufig erscheinen sie als Letzte bei Terminen, Events oder allerlei Veranstaltungen. Sie genießen es, andere Menschen warten zu lassen. Giraffen benutzen den Faktor Zeit als Macht. Je wichtiger das Giraffen-Tier, umso länger ist die Wartezeit für die anderen. **Giraffen warten nicht, sie lassen warten**.

Zwei Giraffen auf gleicher hierarchischer Ebene vertragen sich nicht

Agieren zwei Giraffen auf der gleichen hierarchischen Ebene, entstehen Spannungen, Rivalitäten und Konkurrenzkämpfe. Eine Besetzung mit zwei stolzen und unnachgiebigen Giraffen in der gleichen Führungsposition ist von kurzer Dauer. Sie wirkt destruktiv: auf das Arbeitsklima, das ganze Team, dessen Arbeitsmotivation und Leistung. Die Konfrontation zwischen den beiden Giraffen entfaltet sich primär auf der Beziehungsebene. Auch wenn die Auseinandersetzung vordergründig sachlich, konkret und zielorientiert erscheint, liegen die wahren Konfliktursachen hauptsächlich auf der persönlichen Ebene. Nach außen wollen Giraffen als rational denkende Personen wahrgenommen werden. Das ist aber oft ein Vorwand. Die primären Ursachen der Zwietracht haben emotionale Wurzeln. Kein Beteiligter gibt das offen zu, die Giraffen am wenigsten. Die Kommunikationsebene ist in einer solchen Lage asymmetrisch: Beziehung vs. Sache. Weil die Beziehungsebene gestört ist, sind objektive Argumente meist ein reines **Alibi**. Keine engagierte Giraffe ist in diesem Fall ernsthaft an der Konfliktlösung mit Gleichgestellen interessiert.

Bei harten und stressigen Gesprächen, Diskussionen und Verhandlungen meiden Giraffen-Typen keine Konfrontation. In Gegenwart anderer Leute schützen sie sich vehement vor möglichen Blamagen. Sie scheinen mehr das eigene große Ego zu protegieren, als die eigenen Argumente zu verteidigen.

Aufmerksame Frauen entdecken die Macken der Giraffen

Am Arbeitsplatz und im täglichen Leben beobachten naturgemäß Frauen Mimik, Gestik und Körperhaltung des Gegenübers ziemlich genau. Außerdem besitzen sie die Fähigkeit, die verbalen Botschaften zwischen den Zeilen zu lesen und zu interpretieren. Das erlaubt ihnen, bestimmte versteckte Geheimnisse ihres Gegenübers zu entdecken und zu decodieren. Auch wenn eine gewisse Tendenz zum Überinterpretieren zu vermerken ist, sind Frauen oftmals imstande, auch die subtilsten verbalen und meist unbewusst gesendeten paraverbalen und nonverbalen Zeichen ad hoc zu interpretieren. Auf diesem Gebiet könnten Männer einiges von Frauen lernen.

Spannend wird es, wenn dominanzliebende Mitarbeiterinnen relativ schnell die **Schwächen** (Macken) ihrer männlichen Führungskraft mit Giraffen-Merkmalen entdecken. Wegen ihrer kämpferischen Neigung scheuen sie keine Konfrontation mit der Giraffe. Sie beschränken sich nicht nur auf die Entdeckung der Schwächen der

Führungskraft, sondern sie verbalisieren diese auch in Gegenwart anderer Menschen. Das kann negative Folgen für die Mitarbeiter haben.

Giraffen in hohen Positionen sind in der Regel kompetent und erfolgreich. Aber warum verhalten sich dann berühmte Chefärzte, fähige Politiker, anerkannte Wissenschaftler oder arrivierte Führungspersonen eines Global Player *giraffisch*? Die Antwort lautet: Selbst Koryphäen sind Menschen, welche sich schwertun, mit ihren imaginären oder reellen Schwächen umzugehen.

Das sollten Sie wissen!

»Als stolze und selbstbewusste Person möchte die Giraffe nur mit gleichrangigen Partnern kommunizieren und verhandeln. Sie würde es als Affront empfinden, wenn sie mit einem rangniedrigen Ansprechpartner diskutieren müsste. Soziale Stellung, Rangordnung und die Bedeutung des Treffens sind für die Giraffe wichtige Kriterien für ihre Teilnahme. Diese werden von einer Giraffe vor dem Treffen genauestens geprüft. Sie will außerdem wissen, wer von den teilnehmenden Kontrahenten die größte Entscheidungsmacht besitzt. Am liebsten möchte die Giraffe immer der Stärkere sein. Sie verabscheut es, eine Nebenrolle zu spielen.«

Zwei Diven vertragen sich nicht

Ist der Ansprechpartner bzw. Verhandler selbst eine Giraffe, ausgestattet mit der gleichen Machtbefugnis, könnte ein Beziehungsproblem zwischen zwei **Diven** entstehen. Der Konkurrenzkampf ist schon bei der Begrüßung spürbar. Beide versuchen, dem anderen nonverbal und argumentativ zu imponieren. Und beide halten langatmige und sachfremde Monologe über ihre Verdienste, Meriten und Visionen. Jeder will den Antagonisten (Gegenspieler) beeindrucken. Dabei vergessen sie, ihre Mitarbeiter in die Verhandlung adäquat einzubeziehen. Das Bestreben, dem Ansprech- bzw. Verhandlungspartner Ehrfurcht einzuflößen und letztendlich als bedeutender und besser zu erscheinen, ist für die Giraffen wichtiger als die Fokussierung auf den eigentlichen Gesprächs- und Verhandlungsinhalt.

Giraffen sind aber mehr als nur ambitionierte, machtbesessene und wenig teamfähige Menschen. Viele wurden an weltberühmten Eliteuniversitäten ausgebildet. Sie sind kluge, fleißige und sehr eloquente Menschen. Ihre gewählte, akkurate Ausdrucksweise und ihr sicheres Auftreten bei Vorträgen, Dialogen und Diskussionen betonen ihr profundes Wissen und ihre fachlichen Kompetenzen.

Die meisten von ihnen besitzen alle notwendigen kommunikativen und Führungsinstrumente, um auch ein anspruchsvolles und kritisches Team zu überzeugen und ein Unternehmen erfolgreich zu leiten.

Überblick | prädominante Eigenschaften des Menschentypus Giraffe

- » elitär, das hohe Tier
- » schaut von oben nach unten herab
- » aufgeblasen (Pfauverhalten)
- » selbstbewusste Erscheinung
- » hält physische Distanz
- » auffällige Persönlichkeit, Mittelpunktmensch
- » Kommando
- » Ellenbogen
- » arrogante Haltung, Imponiergehabe
- » rechthaberisch
- » scheut keine Konfrontation, reagiert auf Kritik empfindlich
- » teilt gerne aus, steckt nicht ein
- » erniedrigt gerne
- » kontrollorientiert
- » lässt Leute warten
- » karriereaffin
- » Repräsentationsposten, hohe Führungspositionen

- » machtbesessen, entscheidungsaffin
- » mögen keine Rivalen, Primadonna assoluta
- » narzisstisch, egozentrisch, sogar Egomane
- » verlangt Treue und sogar Gehorsam
- » trägt eine Maske, panische Angst, entdeckt zu werden
- » Horror vor Blamage
- » nicht empathisch
- » sehr ambitiös
- » gut gebildet und vorbereitet
- » eloquent, kompetent
- » Ästhet, akkurat, legt Wert auf das Äußere
- » Profilneurose

Körpersprache der Giraffe

Ihr gesamtes Auftreten ist ziemlich **auffällig**. Viele weibliche und männliche Giraffen sind **snobistisch**. Sie sind aber auch wahre Ästheten. Giraffen lieben modische, schöne und passende Kleidung. Signierte Krawatten, handgefertigte Markenschuhe, moderne Accessoires, Designerbrillen, auffälliger Schmuck, wertvolle Uhren und Füllfederhalter werden von der modebewussten Giraffe gerne zur Schau gestellt. Untergebene sollten sich davor hüten, dem Chef bzw. der Chefin die Show zu stehlen. Auf diesem Gebiet duldet die Giraffe keine lästige Konkurrenz, geschweige denn von ihren Mitarbeitern. Die Giraffe will als Diva wahrgenommen werden.

Die aufrechte Haltung, der gestreckte Hals und der stets hoch erhobene Kopf signalisieren ihr Bestreben, über den anderen zu stehen und sie unter Kontrolle zu halten. Giraffen zeigen dem Gegenüber seine Grenzen auf. Ihre auffällige physische Distanz zum Ansprechpartner und ihre **notorische Eitelkeit** lassen sich auch als eine Art **Selbstschutz** interpretieren.

Das sollten Sie wissen!

»Giraffen benutzen unterschiedliche Kommunikations-mittel, um Kollegen und vor allem Untergebenen zu imponieren. Ihr distanzierter und kritischer Blick von oben nach unten wirkt abwertend, insbesondere auf unsichere und von ihnen abhängige Menschen.

Auch ihr Blick ins Leere wird als herablassend und belei-digend empfunden. Die Mitmenschen fühlen sich dabei regelrecht ignoriert. Den echten Giraffen ist die Wirkung ihres Verhaltens bewusst. Das ist einer der Gründe, wa-rum sie ihren Blick – psychologisch betrachtet – als ef-fektive visuelle Waffe bewusst einsetzen.«

Je nach Situation, Kontrahenten-Typus oder Thema kann die Giraffe sogar eine Sonnenbrille tragen. Wahrscheinlich will sie ihre wahren Intentionen verbergen, dem Partner imponieren oder diesen verunsi-chern.

Männliches vs. weibliches Verhalten

Bei der typisch maskulinen Körperhaltung sind die Hände hinter dem Kopf oder Hals, wobei die Arme eine trianguläre Form aufwei-sen. Dabei erscheint der Brustkorb größer, wie aufgeblasen. Die Bei-ne können gespreizt sein oder sogar ganz entspannt auf dem Tisch liegen. Bei langen und kräftezehrenden Sitzungen mit Kollegen wird eine solche Haltung als Entspannung, also nicht unbedingt als De-monstration von Dominanz interpretiert. Bei einem heiklen oder schwierigen Gespräch, speziell zwischen einem Giraffen-Vorgesetzten und einer weiblichen Untergebenen, wird jedoch eine solche Haltung fast immer als Imponiergehabe wahrgenommen. Frauen reagieren sehr empfindlich auf diese – aus ihrer Sicht – her-ablassende Haltung. Sie haben das Gefühl, von ihrem machtbesesse-nen Vorgesetzten nicht ernst genommen werden. Das ist ein Affront. Männliche Untergebene reagieren in einer solchen Situation weniger gereizt als ihre Kolleginnen.

> Wenn die männliche Giraffe aus einer stärkeren Position heraus agiert, bläst sie sich gerne wie ein Pfau beim Balzen auf. Je größer das Federvolumen und die Farbintensität, umso erhabener und prachtvoller erscheint sie.
> Befände sich dieselbe Giraffe in einer schwächeren Verhandlungsposition, dann würde sie es sehr wahrscheinlich nicht wagen, eine solche Haltung einzunehmen.

Die beschriebene Pose ist ein typisches nonverbales Signal einer Person, die aus einer stärkeren Position heraus agiert.

Die gleiche Haltung unter Kollegen, beim Brainstorming oder einer lockeren Unterhaltung eingenommen, hat eine ganz andere Konnotation. Hier bedeutet die bequeme Körperhaltung lediglich Entspannung. Bei der Deutung der Körpersprache ist der Kontext und nicht allein die Geste entscheidend. Dieselben Gesten haben in unterschiedlichen Situationen unterschiedliche Bedeutung.

Männer demonstrieren ihre Macht mit eindeutig mehr Raumanspruch und Imponiergehabe als Frauen. Der Blickkontakt ist direkter, länger und intensiver. Der Ton ist befehlsorientiert und bestimmend. Die bewusst verwendete Imperativform, begleitet von Sarkasmus oder gar Zynismus, komplettiert das typisch männliche Giraffenbild.

> Weibliche Giraffen meiden meistens harte, frontale und aggressive Diskussionen. Sie wenden eher subtilere Mittel an. Ihre Sitzhaltung ist weniger konfrontativ; sie sitzen lieber seitlich und meiden dadurch den direkten Augenkontakt. Ein Gegenüber wird absichtlich ignoriert. Ihre Pose wirkt süffisant und arrogant.

Gerne beschäftigen sich weibliche Giraffen mit anderen, scheinbar banalen Dingen, etwa Fingernägel anschauen, telefonieren, mit den Haaren spielen etc. Ihre Stimme ist kontrolliert und herablassend. Die Signale mögen auf den ersten Blick nicht so hart erscheinen wie bei den männlichen Giraffen.

Es muss jedoch betont werden: Je höher die hierarchische Position ist, umso unschärfer werden die klassischen geschlechtsbezogenen Unterschiede. Frauen in Führungspositionen übernehmen gerne maskuline Haltungen.

Überblick | männliche und weibliche Giraffen-Typen

männlich	weiblich
beim „Balzen" bläht er sich wie ein Paradiesvogel auf	bläht sich nicht auf
nimmt großen Raum in Anspruch	nimmt keinen auffälligen Raum in Anspruch
breitbeinig	kaum breitbeinig
legt oft Beine auf den Tisch	legt fast nie Beine auf den Tisch
Arme hinter dem Kopf	selten Arme hinter dem Kopf
hält große physische Distanz	hält physische Distanz
Ästhet, akkurat, modebewusst	Ästhetin, akkurat, sehr modebewusst
rare Blickvermeidung	sehr häufige Blickvermeidung
konfrontative Haltung pointiert	konfrontative Haltung subtil
fasst sehr selten Haare an, spielt wenig mit Accessoires (wertvolle Füllfederhalter)	fasst häufig Haare an, spielt gerne mit Accessoires (Designersonnenbrille)
benutzt nie Spiegel	benutzt Spiegel
schaut fast nie auf Fingernägel	schaut gerne auf Fingernägel
stellt gerne wertvolle, modische Gegenstände zur Schau	stellt wertvolle, modische Gegenstände diskret zur Schau
häufige Benutzung von Smartphones	
zeigt ungeniert Ungeduld	zeigt Ungeduld
demonstriert gerne Macht	demonstriert Macht

Umgang mit dem Menschentyp Giraffe

Bei der Wahl eines adäquaten Redners bzw. Vertreters müssen auch diese Akzeptanzelemente einer Giraffe in Betracht gezogen werden.

Ist der Kontext ziemlich heikel, sollte man sich fragen, ob ein echter Giraffen-Typ als geeigneter Hauptdarsteller infrage kommt. Stellen Thematik, Publikum und allgemeine Stimmung eine potenzielle Gefahr für die Organisation dar, wäre die Präsenz einer Giraffe nicht opportun. Insbesondere in eher diffizilen Situationen sind fähige, gut vorbereitete, aber arrogante Menschen nur bedingt als Redner, Ansprechpartner oder Hauptrepräsentanten einer Organisation zu empfehlen. Die typische Giraffenattitüde würde die Lage und auch die gegenseitigen Beziehungen verschlechtern.

> Bei Sitzungen sollte man als Untergebener die eigene Meinung nur argumentativ vertreten, ohne die Giraffe in irgendeiner Weise zu blamieren oder bloßzustellen. Hat sie das Gefühl, ihr Gesicht verloren zu haben, schlägt sie hart zurück, ohne jegliche Rücksicht auf andere Menschen. Dann kennt sie kein Pardon mehr. Es wird empfohlen, sich nur auf den Inhalt, nicht aber auf die zwischenmenschliche Beziehung zu fokussieren.

Dies kann eine echte Herausforderung werden, zumal die Giraffe bei strittigen Themen den Disputanten primär persönlich attackiert, also die inhaltliche Ebene verlässt. Metaphorisch gesprochen trifft sie weniger den Verstand als vielmehr das Herz des Widersachers. Diese Haltung wird speziell von beziehungsorientierten und sensiblen Mitarbeitern als verletzend empfunden. Und genau das bezweckt die Giraffe! Der beteiligte Mitarbeiter muss also möglichst versuchen, seine Gefühle zu unterdrücken. Eine Beherrschung der verbalen und nonverbalen Sprache ist in solchen Fällen angebracht. Die scharfe Trennung zwischen Sache und Person ist eine unabdingbare Voraussetzung, um die Diskussion auf einer pragmatischen und emotionsneutralen Ebene zu führen.

Ist man mental auf eine konkrete Diskussion mit einer Giraffe eingestellt, kann die Anwendung einer gut strukturierten, argumentativ validen und stets zielorientierten Vorgehensweise hilfreich sein. Die gewählten starken und schwer anfechtbaren Argumente sollten auf keinen Fall wie ein Triumphzug gegen die Giraffe vorgetragen werden. Eine süffisante Körperhaltung und ein ironisches Lächeln werden von der aufmerksamen Giraffe sofort registriert und als Majestätsbeleidigung interpretiert. Das ist eine wahre Provokation für die Giraffe: Der Beginn einer quälenden Diskussion mit einem desaströsen Ende ist vorprogrammiert.

Das sollten Sie wissen!

»Wichtig ist, dass der Mitarbeiter einen visuellen Kontakt mit der Giraffe herstellt. Dies ist von größter Bedeutung, um eventuelle, zuerst nonverbale Signale wahrzunehmen, und um danach auf die Kontraargumente sachlich zu reagieren. Arrogante Menschen hassen es, ignoriert zu werden. Die Schaffung einer situativ angemessenen visuellen Kommunikation wird von der Giraffe geschätzt. So erhält sie die von ihr erwartete soziale Anerkennung.

Um bei einem Disput nicht persönlich attackiert zu werden, ist eine passende Terminologie zu wählen. Das Personalpronomen „ich" ist durch „wir" oder durch „es" zu ersetzen. Anstatt zu behaupten: „Sie haben unrecht" oder „Sie liegen falsch", ist es angebracht, indirekte Aussagen zu machen. Beispiel: „Es gibt andere Meinungen …"; oder: „Laut folgenden Autoren …". Alle diese Phrasen sind personenneutral und inhaltsaffin. Die zu erwartenden Gegenargumente der Giraffe werden sachlicher, inhaltsorientierter und weniger personenbezogen. Gleichzeitig wird sie in gewisser Weise entwaffnet. Sie wird gezwungen, rational zu argumentieren.«

Auch eine servile Haltung voller Zweideutigkeiten, eine unsichere und leise Stimme, eine defensive Körperhaltung und ein gefälliges Grinsen sind kontraindiziert. Die Giraffe würde diese auffälligen Anpassungen als Schwäche auslegen und genüsslich zu ihrem Vorteil ausnutzen. Diplomatisch und beziehungsneutral agieren? Ja! Aber niemals servil, gefällig und unterwürfig! Das ist die Devise im Umgang mit Chefs oder hierarchisch höhergestellten Menschen dieses Schlages. Professionelles Auftreten ist ein geeignetes Mittel im Umgang mit höhergestellten Giraffen-Typen.

Weil die Giraffe ihre Ellenbogen benutzt und gerne ihren neurotischen Hochmut zur Schau stellt, versucht sie zuerst, die Auseinandersetzung mit gleichgestellten Personen auf die fachliche Ebene zu bringen. So testet sie das Terrain und sie versucht, die Schwachpunkte bzw. Schwächen eines Kollegen oder Kontrahenten herausfinden. Ihre Intention ist es, diese bei einer günstigen Gelegenheit ans Licht zu bringen. Der Giraffe ist es wichtig, allen Personen ständig ihre Überlegenheit zu demonstrieren, selbst wenn ihr dies keinen konkreten Gewinn bringt. Es liegt in der Natur der Giraffe, Menschen zu erniedrigen und sich zu profilieren. Als Ansprechpartner einer solchen Person kann man das Spiel akzeptieren, ohne die eigene Kompetenz mit gewagten Antworten infrage zu stellen. Auf bestimmte provokante und auch zynische Bemerkungen kann der Gesprächspartner durchaus mit Humor reagieren und souverän bleiben. Dann hält sich der Schaden in Grenzen.

Arrogante Haltung kann ein Zeichen der Unsicherheit sein

Vor einer Verhandlung soll die gegenseitige Abhängigkeit der beteiligten Kontrahenten gründlich analysiert werden. Auch wenn die Giraffe versucht, als mächtiger Mitstreiter aufzutreten, sollte dieses Erscheinungsbild nicht überbewertet werden. Es kann durchaus ein Zeichen von Unsicherheit oder Verhandlungsschwäche sein, was die Giraffe unbedingt verbergen will. In Wirtschaft und Politik kommt es oft vor, dass der vermeintlich kleinere Verhandler – situationsbedingt – eine größere Macht besitzt, als die Größe seines Unternehmens bzw. seiner Partei es erlaubt. Wichtiger als die Dimension der Organisation ist die gegenseitige Abhängigkeit. Speziell der kleinere Partner muss sein Verhandlungsgewicht situativ auf die Waage legen, um sich Respekt und Bedeutung zu verschaffen. Ein entscheidender Faktor bei der Verhandlungsmacht ist der Besitz eines Alleinstellungsmerkmals.[4] Offeriert ein Anbieter kein – für den Käufer – wichtiges Distinktionselement, konzentriert sich die Verhandlung primär auf den Preis. Gerade in solchen Situationen benehmen sich die Käufer wie überhebliche Giraffen, die meinen, nur sie allein könnten über den Geschäftsablauf entscheiden. Ist der Anbieter nicht in der Lage, die Preiskonditionen des mächtigen Käufers zu erfüllen, hat er gar keine Chance auf einen fairen Geschäftsabschluss. *Nolens volens* wird dieser Anbieter die Rolle eines eingeschüchterten Lämmchens, ohne jegliche Verhandlungsstärke, spielen müssen. Der Käufer genießt seine vorteilhafte Lage und kann – muss aber nicht unbedingt – die Rolle einer überheblichen Giraffe übernehmen.

Verhandlungspartnern Nutzen bieten

Eine gründliche Bedarfsanalyse des Käufers kann starke Verkaufsargumente liefern, die bei der Verhandlung situativ und dezidiert eingesetzt werden können. Gibt es bei einer Verhandlung eine Art *Quid pro quo* (ich gebe dir was du willst, du gibst mir was ich will, also Gegenleistung), verhält sich sogar die angeblich verhandlungsstärkere Gegenseite nicht unbedingt wie eine tyrannische Giraffe. Will der Anbieter als gleichwertiger Verhandlungspartner wahrgenommen werden, muss er Vorteile und Nutzen des Käufers in den Vordergrund stellen. Die Verhandlung wird zwangsläufig konkreter und interessanter, weil der Käufer einen eigenen Nutzen bekommt. Unabhängig von der Unternehmensgröße beider Kontrahenten wird der Käufer in dieser für ihn interessanten Situation automatisch sachlicher und geschäftsorientierter. Im Mittelpunkt steht also primär das Geschäft und weniger das dominante Imponiergehabe. Sein Giraffenbenehmen verliert an Bedeutung und Legitimation zugunsten eines sachlichen und für alle gewinnbringenden Pferdeverhaltens.

Um die Beziehung zwischen Giraffe (Chefarzt) und Hund (Stationsschwester) besser zu verstehen, wird ein authentischer Fall beschrieben.

Beispiel 5 | Vertikale Kommunikation und Zusammenarbeit in einer Klinik

Ein groß gewachsener, gutaussehender und vor allem berühmter Chefarzt und Professor einer namhaften Klinik verhält sich wie eine typische Giraffe, mit allen dazugehörigen Besonderheiten. Die Arroganz ist ihm ins Gesicht geschrieben. Er liebt die Ästhetik und pflegt einen distinguierten, persönlichen Umgang mit Privatpatienten und wichtigen Persönlichkeiten aus Wirtschaft und Politik.

In manchen für ihn unangenehmen Sitzungen in der Klinik vergisst er „rein zufällig" seine modische und deutlich erkennbar signierte Sonnenbrille abzunehmen. Die Mitarbeiter schmunzeln und mutmaßen, dass dieses Verhalten einer „Primadonna assoluta der Mailänder Scala" auf so manche „Macke" des Chefs hinweise.

Eine resolute, charakterstarke und physisch sehr robuste Stationsschwester, die gewöhnlich kein Blatt vor den Mund nimmt, arbeitet seit Jahren auf der von der Giraffe geleiteten Station. Die Beziehung zwischen ihr und dem Chefarzt ist angespannt. Der Chef hält die fachlich kompetente Stationsschwester absichtlich auf Distanz. Er will unter allen Umständen verhindern, dass sie ihm physisch zu nahekommt. Er scheint sich vor ihr schützen zu wollen.

Zwischen den beiden stimmt die Chemie ganz und gar nicht. Es herrscht eine greifbare gegenseitige Antipathie. Die Stationsschwester scheint einige ‚Komplexe' ihres Chefarztes entdeckt und richtig entschlüsselt zu haben. Aus diesem Grund wird der hochnäsige Chefarzt von dieser resoluten und direkten Krankenschwester ziemlich geringgeschätzt. Die schlechte Beziehung zwischen Chef (Giraffe) und Untergeordneter (Hund) wird zur Belastung für alle Stationsmitglieder, Chefarzt inklusive. Das Arbeitsklima ist gar nicht gut. Wenn in einer Sitzung die Giraffe – wie üblich – später erscheint, sinkt die Temperatur plötzlich um einige Grade. Die Sitzungsteilnehmer wirken paralysiert.

Bei einem heiklen Gespräch der Stationsmitarbeiter im Rahmen einer Routinesitzung verliert die Krankenschwester ihre Contenance und kritisiert den Chefarzt in Gegenwart einiger Ärzte, Praktikanten und

Krankenschwestern explizit für sein *giraffisches* Verhalten. Sie blamiert ihn regelrecht und verletzt sein stolzes Ego. Das ist wahrscheinlich einer der größten Fehler in ihrer beruflichen Laufbahn. Der Chefarzt reagiert vehement mit dem giraffenspezifischen Benehmen: Er bestellt die Stationsschwester sofort zu sich ins Büro ein. Obwohl das Gespräch unter vier Augen stattfindet, kann man sich leicht vorstellen, wie heftig und hart seine Reaktion war. Nach der Sitzung muss diese fähige, erfahrene und zuverlässige Mitarbeiterin die Konsequenzen ziehen. Für ihre ‚undiplomatische' und harsche Kritik an ihrem Chef vor versammelter Mannschaft muss sie einen hohen Preis zahlen. Sie wird auf eine andere Station versetzt.

Fazit

Dieses Ereignis ist keineswegs ein Einzelfall. Der Umgang mit solchen Menschentypen ist per se diffizil. Untergebene sollten Giraffen nicht unnötigerweise mit unpassenden Kommentaren herausfordern, weil die Reaktion einer Führungskraft dieses Schlages sehr unkalkulierbar ist und für die Mitarbeiter in gefährlicher Weise auswirken kann. Das ist ein spezieller Appell, insbesondere an die Expertinnen, die reelle oder imaginäre Schwächen von Giraffen in Führungspositionen entdeckt haben und diese offen kommentieren. Eine solche Aktion ist meistens kontraproduktiv und kontraindiziert.

Eine ähnliche Konstellation dieser Charaktermerkmale ist unter Kollegen – also in einer horizontalen Ebene – weniger kompliziert und entspannter als mit einer Führungskraft. Hier kann die Giraffe ihre Entscheidungsmacht nicht willkürlich demonstrieren und ausüben. Denn in diesem Fall erfolgt die Auseinandersetzung unter hierarchisch Gleichgestellten. Die Giraffe hat einen begrenzten Spielraum. Sie muss sich, wie alle übrigen Kollegen auch, anpassen und unterordnen.

Darauf sollten Sie bei Giraffen achten!

Überblick | das sollten Sie im Umgang mit Giraffen beachten

» professionelles Verhalten
» Person von Inhalt dienstlich als auch privat scharf trennen
» keine offene Konfrontation produzieren
» keine servile Körperhaltung
» keine Unsicherheiten
» sicheres Auftreten
» Giraffe nicht ignorieren
» Blickkontakt ja, aber nicht bedrohlich
» selbstbewusst und souverän auftreten
» asymmetrische Körperhaltung
» physische Distanz respektieren
» Provokationen ignorieren
» überzeugend und persuasiv argumentieren
» Personalpronomen *ich* durch *wir* oder *es* ersetzen
» sachliche Kritik diplomatisch äußern
» Empathie
» aufmerksam zuhören
» sachlich argumentieren
» passende Sprache benutzen, gepflegte Terminologie
» auf Augenhöhe kommunizieren
» gut vorbereitet
» Gegenargumente eloquent darlegen
» Lügen vermeiden
» mögliche Schwächen der Giraffen ignorieren
» Giraffe nie blamieren, Gefahr des Gesichtsverlusts
» ehrliche Wertschätzung äußern
» Leistung und Meriten erwähnen

» keine Schmeicheleien
» Korrektheit zeigen
» ad hoc wie Fuchs reagieren, argumentativ imponieren
» Motivation durch: anspruchsvolle Prestigeposten, ambitionierte Projekte, gute Karrieremöglichkeiten, profilträchtige Tätigkeiten

Checkliste | Fehler, die Sie bei Giraffen vermeiden sollten

» symmetrische, giraffische Haltung
» Überheblichkeit zeigen
» Giraffe verbal und nonverbal ignorieren
» ihren Status und Rangordnung nicht anerkennen
» Interessen der Giraffe nicht berücksichtigen
» selektiv zuhören
» serviles bzw. unsicheres Verhalten (Lämmchen-, Igelverhalten)
» kumpelhaftes Benehmen
» physische Distanz überschreiten
» offene Konfrontation
» Giraffe provozieren und sich provozieren lassen
» unpassende Sprache
» sarkastisch argumentieren
» sachliche Kritik der Giraffe als persönlichen Angriff interpretieren
» emotional oder mimosenhaft reagieren
» frontal angreifen (Hundeverhalten)
» ihr reelle oder imaginäre Schwächen zeigen
» Giraffen bis zum Gesichtsverlust blamieren oder erniedrigen
» unsachlich argumentieren
» rechthaberisches oder aggressives Verhalten
» unvorbereitet

» weitschweifiges Verhalten (Breitmaulfrosch)
» lügen
» unprofessionell agieren

Menschentyp »Fuchs«
– cleverer Stratege

prädominante Eigenschaften:
schlau, hört gut zu, eloquent, fordert Menschen heraus

Was Sie vorab über Füchse wissen sollten!

Der Rotfuchs (*Vulpes vulpes*) ist der einzige mitteleuropäische Vertreter der Füchse und wird daher meistens als „der Fuchs" bezeichnet. Die Stärke eines Fuchses ist laut Sven Herzog[5] seine große Anpassungsfähigkeit. Der Fuchs ist Generalist; er hat sich nicht auf eine spezielle Lebensweise oder Nahrung spezialisiert, sondern kann sich an viele Lebensumstände flexibel anpassen. Intelligenz ist dabei eine Schlüsseleigenschaft. Der Fuchs hat gelernt, in der sibirischen Tundra Lemminge zu überlisten, in Nordafrika dem Menschen Hühner zu stehlen, in den Großstädten sicher die Straßen zu überqueren. In dicht besiedelten Wohngebieten hat er sich mit Cleverness die unterschiedlichsten Nahrungsquellen erschlossen – von der Maus bis zum Müllsack.

Der Fuchs besitzt weitere interessante Charakteristika:

» Der Fuchs-Typus ist ein **intelligenter**, gebildeter, schlauer und je nach Situation sogar hinterlistiger Mensch.

» Seine aufmerksamen und lebendigen Augen, die ironische Mimik, sein **perfides Lächeln** und die immer **gespitzten Ohren** sind typische Merkmale ausgefuchster Personen.

» Dank ihrer **Eloquenz** und fachlichen Kompetenz profilieren sich Füchse sehr, sehr gerne.

» Sie argumentieren **logisch** und sachlich. Dabei verteidigen sie ihre Thesen mit Fakten, Zahlen und konkreten Beweisen.

Bei verbalen Auseinandersetzungen hören sie aufmerksam zu und reagieren ad hoc mit durchdachten Bemerkungen und Gegenargumenten. Besonders schlaue Füchse lieben es, Meinungen und Beweise der Gegenseite anzufechten, indem sie einen brillanten Streich anwenden, nämlich die *Retorsio argumenti*.

> **Wissen | Retorsio argumenti**
>
> *Retorsio argumenti* nach A. Schopenhauer: „wenn das Argument, das er für sich gebrauchen will, besser gegen ihn gebraucht werden kann; z. B. er sagt: ‚es ist ein Kind, man muss ihm was zugutehalten': *retorsio* „eben weil es ein Kind ist, muss man es züchtigen, damit es nicht verhärte in seinen bösen Angewohnheiten."

Sie haben sich auf die gezielte Anwendung von *Retorsio argumenti* spezialisiert, indem sie die angeblich starken Argumente der Gegenseite widerlegen. Das *Retorsio argumentum* dient nicht dazu, bestimmte Aussagen direkt zu begründen, sondern dazu, bestimmte Behauptungen der Gegenseite zu widerlegen oder ihre Gründe zu entkräften. Das geschieht insbesondere bei kontroversen Diskussionen, Auseinandersetzungen und heftigen Debatten.

Ausgefuchste Menschen neigen dazu, Konferenzteilnehmer, Verhandlungspartner, Arbeitskollegen und Kontrahenten mit Genuss auszutricksen.

Sie möchten einfach als schlauer Fuchs anerkannt und wahrgenommen und letztes Endes als Sieger tituliert werden.

Schlaue Füchse lieben es, mit Wissen und Eloquenz, die Gegenseite auszutricksen

Als Ausfrager wollen sie hauptsächlich das Wissen der Gegenseite prüfen. Meistens kennen Füchse die Antwort schon. Ihre Fragen sind nicht immer explizit und klar, sondern oft mehrdeutig und kompliziert formuliert. Manchmal geben sie sogar vor, fachlich inkompetent zu sein. Je nach Situation und Absicht kann diese Taktik einen perfiden Hintergrund haben. Das Ziel ist bereits bekannt. Sie wollen den Befragten reinlegen oder u. U. auch blamieren. Haben sie ihren Zweck erreicht, ziehen sie sich für eine Weile genüsslich aus der Diskussion zurück. Unter Akademikern, Wissenschaftlern, Professoren, Politikern, Journalisten oder Rechtsanwälten etc. kann man Füchse häufig finden. Sie üben Tätigkeiten aus, bei denen Bildung und Eloquenz eine zentrale Rolle spielen. Sie sind talentierte Redner, die ihre rhetorischen Fähigkeiten vertieft und verfeinert haben. Die Redekunst ist nicht ausschließlich eine Domäne gebildeter Menschen. Es gibt auch redegewandte Menschen, die keine hohe akademische Qualifikation besitzen, ebenso wie es sehr gebildete Personen gibt, die keineswegs eloquent sind.

Heutzutage bekommen gewiefte Füchse immer mehr **Konkurrenz** von anderen Tieren, die nicht unbedingt als die Schlauesten gelten. Der leichte und schnelle Zugang zu wichtigen und aktuellen Informationen wird von immer mehr Menschen genutzt.

Der Google-Patient ein Pseudofuchs

Dies zeigt sich besonders bei der Begegnung von Arzt und Patient. Mediziner besitzen das Wissen, Patienten besitzen Informationen und oberflächliche Kenntnisse. Bei einem Gespräch zwischen ausgefuchsten Experten – Fachärzten – und mehr oder weniger gut informierten Nichtmedizinern – Patienten – können kontrastierende Meinungen aufeinandertreffen und fachliche Auseinandersetzungen entstehen. Der Experte (Fuchs) kann nicht mehr einfach, wie noch vor Jahren, etwas konstatieren; er ist dazu gezwungen, zu argumentieren. Auch muss er auf dem neusten Stand sein. Denn der moderne Google-Patient ist informiert, stellt gezielte Fragen und erwartet eine schnelle und präzise Antwort.

Ein anderes Beispiel: Schon vor dem Treffen mit seinem Private-Banking-Berater informiert sich der Bankkunde im Internet. Mit mehr Informationen und Kenntnissen fühlt er sich sicherer und stark genug, um fachlich auf Augenhöhe mit seinem Banker zu reden. In manchen Fällen übernimmt sogar der Bankkunde die Gesprächsführung. Dabei will er wie ein gut informierter Fuchs erscheinen und adäquat behandelt werden. Der Bankexperte fühlt sich herausgefordert.

> Ein Konflikt zwischen dem Pseudofuchs (Kunde) und dem wahren Fuchs (Banker) ist nicht auszuschließen.

Bleibt der Bankberater konkret und sachorientiert, ist die Gefahr einer emotionalen Konfrontation gebannt. Fühlt er sich in seinem Kompetenzbereich angegriffen, wird das Gespräch zu persönlich und emotional.

> Grundsätzlich liebt es der schlaue und ironische Fuchs, die Gegenseite geistig zu stimulieren oder gar auszutricksen.

Erniedrigen will er sie aber nicht, weil die Auseinandersetzungen meist auf einem hohen geistigen Niveau erfolgen. Die rationale, und weniger die emotionale Komponente wird dabei angesprochen. Dennoch verlieren die Kontrahenten des Fuchses oft ihr Gesicht. Ihre emotionale Reaktion kann den Disput anheizen.

Wenn zwei Füchse diskutieren und verhandeln

Dank ihrer sprachlichen Qualitäten gelten Füchse als **exzellente Verhandler**. Sie werden gerne und oft bei komplizierten internationalen Transaktionen und diffizilen Geschäftsverhandlungen eingesetzt.

Extrem interessant sind Diskussionen, Workshops und Verhandlungen zwischen zwei Füchsen. Rhetorische Finessen, ambivalente Fragen, passende Zitate namhafter Persönlichkeiten, brillante Sprache, eloquente Redewendungen, humorvolle, ironische Bemerkungen und Ad-hoc-Reaktionen mit starken und validen Argumenten beherrschen die Diskussion. Beide ziehen sämtliche ihnen zur Verfügung stehenden sprachlichen Register, um das Streitgespräch als Gewinner zu verlassen.

In der heutigen Gesellschaft gibt es zahlreiche Füchse in Führungspositionen aller Organisationsbereiche. Die Rolle eines Leaders übernehmen Füchse gerne. Sie besitzen die notwendigen Attribute einer fähigen **Führungskraft**. Intellektuell gesehen fungieren sie als Vorbild für ihre Mitarbeiter. Das hat eine positive Wirkung auf ihre Motivation. Füchse stellen hohe Ansprüche an sich selbst, und damit auch an die anderen.

Als Führungskräfte diktieren sie das Tempo

Füchse favorisieren eindeutig den sogenannten Pace-Setting-Führungsstil[6] (Schrittmacher-Führungsstil). Goleman vertritt die Meinung, dass die Effektivität bestimmter Führungsmodelle eng mit dem spezifischen Kontext korreliert. Der *Pace-Setting*-Führungsstil ist bei hoch motivierten und hoch qualifizierten Mitarbeitern geeignet und effektiv. In diesem Fall kann der Leader hohe Erwartungen und dringliche Aufgaben problemlos an die Belegschaft weiterleiten. Aufgrund der großen Leistungsbereitschaft der involvierten Menschen kann man auch durchaus hohe, anspruchsvolle und zukunftsorientierte Ziele setzen. Dies ist für die Mitarbeiter ein weiterer Motivationsansporn. Der fordernde Fuchs darf aber die Belegschaft nicht ständig an seiner persönlichen, sehr hohen **Leistungsfähigkeit** messen. Auf die Dauer kann dies stressig und sogar demotivierend für die Mitarbeiter sein.

Laut Definition setzt der Pace-Setting-Führungsstil hohe Standards für Leader und Mitarbeiter. Der Leader bestimmt das Tempo (daher Schrittmacher). Wegen der hoch angesetzten Standards und Ansprüche können viele Mitarbeiter Tempo und Standards nicht einhalten.

Leader sind dadurch oft gezwungen, bestimmte Tätigkeiten und Aufgaben selbst durchzuführen.

> Füchse haben die Tendenz, die Messlatte immer höher und höher zu legen. Insbesondere weniger leistungsfähige Mitarbeiter können nicht mithalten.

Es muss ausdrücklich betont werden, dass nicht alle Füchse die Gegenseite angreifen, bloßstellen oder vernichten wollen. Es hängt von ihren Absichten und dem Kontext ab, welche Strategie sie vorziehen. Einen Fuchs als ständigen Antagonisten (Gegenspieler) zu haben, sollte möglichst vermieden werden. Auf die Dauer kann ein Disput mit ihm sehr anstrengend, stressig und kräftezehrend werden.

Überblick | prädominante Eigenschaften des Menschentypus Fuchs

- » intelligent, schlau, klug
- » gebildet, brillant
- » exzellent vorbereitet, kompetent
- » liebt Logik, Methode und Struktur
- » Detailfetischist, trickreich
- » hört aufmerksam zu
- » kann empathisch sein
- » ehrgeizig
- » eloquent, rhetorisch versiert
- » überzeugend und persuasiv
- » ungeduldig
- » intolerant gegenüber Fröschen (als Schwätzer bezeichnet), Nilpferden (passiv) und Affen (als oberflächlich und inkompetent tituliert)
- » kann sarkastisch sein
- » gnadenlos
- » schlauer Blick, perfides Lächeln
- » weiß Bescheid

- » notiert und stellt Fragen
- » fordert Menschen heraus
- » von Rednern und Kontrahenten gefürchtet
- » zeigt gerne sein Wissen, genießt seine Klugheit
- » sucht intellektuelle Anerkennung
- » will immer der Gewinner sein
- » erwartet kompetente Ansprechpartner

Körpersprache des Fuchses

In einer überschaubaren Gruppe ist es ziemlich leicht, einen Fuchs optisch zu identifizieren. Die aufmerksamen und aufgeweckten Augen, der direkte Blick, begleitet von einem undefinierbaren Lächeln, sind typische nonverbale Merkmale eines Fuchses.

Als Zuhörer schaut er den Redner bzw. Mitstreiter intensiv an und hört aufmerksam zu. Der Fuchs ist bei der Sache. Er nimmt Notiz, ohne den visuellen Kontakt mit dem Redner zu unterbrechen.

Das sollten Sie wissen!

»Bei langweiligen und oberflächlichen Monologen verlieren Füchse schnell das Interesse. Tritt dieser Fall ein, dann werden sie kribbelig, meiden den Augenkontakt und beschäftigen sich mit inhaltsfremden Sachen.

Ihr Unmut äußert sich zuerst nonverbal, etwa durch das Trommeln mit den Fingern auf den Tisch, das Blicken auf umliegende Gegenstände, das Spielen mit elektronischen Geräten. Als *Ultima Ratio* entziehen sie sich und verlassen den Besprechungsraum. Nicht auszuschließen sind für den Redner und Kontrahenten unangenehme Unterbrechungen, also verbale Attacken des Fuchses, begleitet von scharfer und penetranter Kritik«.

Der Redner sollte nie den einmal im Auditorium bzw. Sitzungssaal entdeckten Fuchs aus dem Auge verlieren. Solche Menschen dürfen während des Vortrags bzw. Auseinandersetzung auf keinen Fall ignoriert werden. Ein Fuchs, der sich nicht in ausreichendem Maße beachtet fühlt, kann sich in der Diskussion mit unangenehmen Fragen rächen.

Männliches vs. weibliches Verhalten

Weil der Fuchs primär mit der **Mimik** und weniger mit dem ganzen Körper kommuniziert, sind kaum nennenswerte Gender-Unterschiede zu konstatieren. Beide Geschlechter benutzen subtile und ambivalente nonverbale, paraverbale und verbale Signale. Lediglich bei dem oben beschriebenen, jedoch seltenen, *Ultima-Ratio*-Verhalten können männliche Füchse lauter und ungestümer als ihre Kolleginnen reagieren. Auf hohen Führungsebenen sind die klassischen geschlechtsspezifischen Unterschiede weniger pointiert.

Überblick	männliche und weibliche Fuchs-Typen	
männlich	**weiblich**
optischer Kontakt evident	optischer Kontakt subtiler
mimische Signale ziemlich eindeutig	mimische Signale ambivalent
schlauer Blick auffällig	schlauer Blick diskreter
Aufmerksamkeit signalisiert Interesse am Redner und Thema	
ungeduldig	
äußert deutlich sein Desinteresse am Thema oder an der Person	äußert ihr Desinteresse am Thema oder an der Person
perfides Lächeln	
nimmt Notizen	
eloquent	

Umgang mit dem Menschentyp Fuchs

Bei Vorträgen und Präsentationen vor einer überschaubaren Zuhö-
rerzahl sollte der Referent bereits zu Beginn seiner Rede die mögliche
Präsenz eines Fuchses feststellen. Kennt er die Zusammensetzung
des Publikums, dann ist die Suche nach anwesenden Füchsen relativ
einfach. Wird er hingegen mit einer ihm unbekannten Zuhörerschaft
konfrontiert, ist die Suche ein mühevolles Unterfangen. Trotzdem ist
eine akkurate Beobachtung einzelner Personen ratsam. Im Saal sitzen
Füchse gerne vorne. Dies erleichtert die Herstellung eines visuellen
Kontakts.

So lassen sich die fuchstypischen Merkmale mimischen Ursprungs
wahrnehmen. Der wache, aufmerksame, direkte Blick und die weit
geöffneten Augen sind wichtige Indikatoren, und sollten vom Sprechenden registriert werden. Behält der Fuchs für eine Weile diese
physische Haltung, ist dies ein Zeichen seiner Aufmerksamkeit und
seines Interesses am Redner und am Thema. Zieht der Fuchs öfter
seine Augenbrauen zusammen und wirft seinen Blick direkt auf den
Sprechenden, ist das ein kritisches Signal. In diesem Fall scheint er
nicht ganz vom Inhalt oder vom Vortragenden überzeugt zu sein.
Zeigt er sein perfides Lächeln und macht sich gleichzeitig Notizen,
kann man mit großer Wahrscheinlichkeit davon ausgehen, dass er
etwas Wichtiges notiert hat. Dies wird er in die Diskussion einbrin-
gen und womöglich als listige Frage formulieren. Ab jetzt muss sich
der Referent seine Sätze und Behauptungen genau merken. So kann
er sich einigermaßen für eine mögliche Diskussion wappnen.

Der Fuchs sitzt häufig mit nach vorne gebeugtem Oberkörper. Diese
Haltung kann ein Indikator für seine Neugierde bzw. Interesse sein.
Der Vortragende kann in diesem Fall problemlos fortfahren wie bis-
her. Schmeißt der Fuchs einen Gegenstand (Kugelschreiber, Brille,
Heft etc.) auf den Tisch und zieht sich abrupt zurück, ist dies in den
meisten Fällen als Ablehnung oder Desinteresse zu bewerten. Hier
sollte der Referent aufmerksam werden und seine argumentative
Vorgehensweise justieren.

Nonverbale Kommunikation situativ interpretieren

Weil sich Füchse in der Natur zuweilen totstellen, um Beute anzulocken, die sie dann im richtigen Moment schnappen, ist eine klare und eindeutige Interpretation ihrer **Körpersprache** ziemlich schwierig. Ähnlich ambivalent kann sich auch der Menschenfuchs verhalten. Das vorgebliche Desinteresse eines Konferenzteilnehmers könnte u. U. eine Falle für den Redner sein. Eine konstante, akribische Beobachtung seiner nonverbalen Sprache ist unerlässlich, unabhängig davon, ob der Fuchs eine bekannte Person ist oder nicht.

Aktiv zuhören ist fundamental

Neben der visuellen Kommunikation ist das aktive Zuhören von größter Bedeutung im Umgang mit einem solchen Menschentyp. Seine berühmte Eloquenz, seine gefürchtete und unberechenbare Raffinesse bezüglich der Fragestellung – seine Absichten sind kaum zu durchschauen – erschweren eine Diskussion.

> Ist die gestellte Frage zweideutig und trickreich, sollte der Kontrahent nie den Fehler begehen, sie spontan und unüberlegt zu beantworten.

Um wertvolle Zeit zu gewinnen und mehr Klarheit zu schaffen, könnte er versuchen, die diffuse Frage des Fuchses anders zu formulieren und auf dessen Reaktion zu warten. So gewinnt er Zeit, um über eine plausible Antwort nachzudenken.

> Es muss jedoch vermieden werden, den Fuchs wegen seiner – meist gewollten – Zweideutigkeit zu blamieren oder unpräzise zu antworten.
> Ist die Fragestellung hingegen eindeutig und klar formuliert, der Kontrahent weiß aber keine passende Antwort, sollte er keine abstrusen Argumente erfinden oder – noch schlimmer – gar lügen.

Redner dürfen auf keinen Fall ihre Glaubwürdigkeit verlieren; das würde ihrem Ansehen schaden. Der Fuchs würde den Vortragenden als inkompetenten Lügner und fachlich unfähige Person titulieren. Es ist besser, das eigene Nichtwissen zuzugeben, als eine falsche Antwort zu geben.

Ist der Fuchs dem Referenten bekannt, dann könnte er auf das unbestreitbare Expertenwissen des Fuchses hinweisen und – wenn möglich – den Fuchs bitten, diesbezüglich Stellung zu nehmen und seine wertvollen Kenntnisse zur Verfügung zu stellen.

Füchse lernen schnell, erfassen wichtige Zusammenhänge und können ihr Wissen dann in raffinierte Strategien umsetzen, welche ihnen das Überleben in ungünstigen Situationen sichern. Hat man einen Fuchs als **Kollegen**, darf man seine Kompetenz und sein großes Wissen nicht ignorieren oder infrage stellen. Dies wäre der Beginn eines langen und anstrengenden verbalen Streits. Mit größter Sicherheit wird der Fuchs als Sieger hervorgehen.

Das sollten Sie wissen!

»Es ist klüger, den Fuchs als wichtigen und wertvollen Verbündeten zu gewinnen, anstatt ihn als gefährlichen Gegner zu haben.

Es ist ziemlich leicht, den Fuchs-Kollegen bzw. Mitarbeiter für ein bestimmtes Projekt zu motivieren. Man sollte ihn stets als Experten behandeln und für intelligente Lösungen schwieriger Sachverhalte engagieren.

Dank seines logischen Denkens, seiner strukturierten Vorgehensweise und seiner ausgefuchsten Denkstruktur ist er fast immer imstande, herausfordernde Aufgaben gut zu meistern. Außerdem scheut er keine geistig anspruchsvollen Konfrontationen, weder mit dem Freund noch mit dem Gegner, weder mit Kollegen noch mit Vorgesetzten. Für ihn sind Herausforderungen immer eine reizvolle Angelegenheit und ein willkommener Ansporn für sein großes Ego.«

Mit Füchsen kann man gut zusammenarbeiten

Bei der Lösung komplexer Sachverhalte ist die Zusammenarbeit mit einem Fuchs und dessen aktive Hilfestellung unentbehrlich. Ein hoch motivierter und kompetenter Fuchs stellt insbesondere in solchen

Fällen sein Wissen und Geschick der ganzen Mannschaft zur Verfügung. Jeder kann von ihm profitieren. Gleichzeitig kann er sich profilieren und allen sein Können demonstrieren. Das ist im Grunde genommen sein primäres Ziel. Sobald seine Aufgabe erledigt ist, sollte er die verdiente Anerkennung für seine erbrachte Leistung bekommen. Sein enormes Wissenspotenzial und seine Eloquenz müssen unbedingt genutzt werden. Er darf aber weder eine zu dominante Funktion noch die absolute Kontrolle über eine Situation übernehmen.

Zwei Füchse mit unterschiedlichen Meinungen, eine diffizile Situation

Der Fuchs ist grundsätzlich fachlich top vorbereitet. Treffen sich zwei Füchse, die sich nicht leiden können und divergierende Meinungen vertreten, ist ein permanenter Schlagabtausch auf hohem geistigem Niveau zu erwarten. In einer solchen Lage besteht ihr Ziel darin, dem Antagonisten (Gegenspieler) die intellektuelle und argumentative Überlegenheit zu demonstrieren. Energie, Zeit und mentale Ressourcen würden mehr für das gegenseitige Wortgefecht und weniger für die tatsächliche Aufgabe und Teamarbeit eingesetzt werden. Das wäre eine für Kollegen und das ganze Team schädliche Situation, die auf keinen Fall von langer Dauer sein darf. Die entschiedene Intervention des Vorgesetzten muss die rivalisierenden Feingeister separieren und sie zur Raison bringen.

Gespräche und Verhandlungen mit Fuchs sorgfältig vorbereiten

Steht ein Gespräch oder eine Verhandlung mit einem Fuchs bevor, ist eine akkurate Vorbereitung unbedingt zu empfehlen. Es gibt nichts Schlimmeres als eine suboptimal vorbereitete Begegnung mit dem Fuchs. Ratsam ist auch die Anwesenheit von Experten, die situativ mit starken Argumenten intervenieren und dabei eine entscheidende unterstützende Aufgabe übernehmen.

Wie man Füchse demotivieren kann

Demotivierend und frustrierend für den Fuchs sind leichte, routine-
mäßige, anspruchsarme, langweilige und monotone Tätigkeiten.
Diese Aufgaben sind nicht fuchsadäquat. Sie können von anderen
Teammitgliedern erledigt werden.

Darauf sollten Sie bei Füchsen achten!

Überblick | das sollten Sie im Umgang mit Füchsen beachten

» zuerst Fuchspräsenz erfassen

» ihn schnell wahrnehmen, visuellen Kontakt herstellen

» Gestik und insbesondere Mimik gründlich beobachten

» kein überhebliches Verhalten oder Minderwertigkeitskomplex
  zeigen

» Sicherheit und Professionalität demonstrieren

» auf Augenhöhe argumentieren

» hohes intellektuelles Niveau anstreben

» keine unnötigen Emotionen und Provokationen suchen

» intellektuelle Auseinandersetzung akzeptieren

» Witz und Humor sind gefragt

» Fuchsverhalten anwenden

» Fuchskenntnisse nutzen, sein Wissen betonen

» keine Ungenauigkeiten und riskante Experimente wagen

» eigene Unkenntnisse zugeben, niemals lügen oder etwas erfinden

» intelligent antworten

» Fuchs als ständigen Antagonisten (Gegenspieler) vermeiden

» Allianz mit ihm bzw. anwesenden Füchsen schmieden

» optimale vorbereiten

» passende Sprache, akkurate Wahl fachlicher Terminologie wählen
» Prioritäten der Aussagen setzen
» überzeugende Argumente wählen, persuasive Kommunikation zeigen
» wissenschaftlich fundieren
» Details, Beweise, Belege, Quellen, passende Zitate wählen
» Kontraargumente bringen
» alle rhetorischen Register ziehen
» Inhalt stets in den Mittelpunkt stellen
» sein Tempo halten
» Motivation durch: sehr anspruchsvolle, herausfordernde und prestigeträchtige Tätigkeiten; Aufgaben und Projekte, die ein profundes Wissen benötigen; Expertenrolle, Problemlösungen, Innovation, keine Routine, Karriere; großen Entscheidungsspielraum

Checkliste | Fehler, die Sie bei Füchsen vermeiden sollten

» keine visuelle Kommunikation
» Fuchs ignorieren
» nonverbale Signale nicht wahrnehmen
» verbale Exklusion
» überheblich (Giraffe), aggressiv (Hund), unsicher (Lamm), ungeordnet (Affe), passiv (Nilpferd)
» sich intellektuell unterlegen fühlen
» nicht fuchsadäquat sein
» Überforderungen zeigen
» unprofessionell
» suboptimale Vorbereitung
» unnötige und schädliche Provokationen
» unpassende Sprache, ungenaue Termini

» kein Esprit, kein Witz
» unpräzise Antworten, Lösungen erfinden
» ständiger Opponent, keine Allianzen mit Füchsen bzw. Pferden
» keine überzeugenden Argumente, keine Persuasion
» keine Empathie
» Angst vor intellektuellen Auseinandersetzungen

Tierkombinationen

Auch bei der Analyse der *Tierkreuzungen* – Verschmelzung unterschiedlicher Charaktereigenschaften – gilt die gleiche Stereotypisierung wie bei der Beschreibung einzelner Tiertypen. In der Tat, nicht alle ausgewählten Merkmale sind bei dem gleichen Menschentyp gleichmäßig repräsentiert. Beispielsweise sind nicht alle Giraffen sind gleich eloquent und arrogant, sowie nicht alle Hunde sich gleich enthusiastisch und aggressiv verhalten. Die Addition mancher Merkmale aus zwei Menschentypen kann – individuell und situativ – zu unterschiedlichen Reaktionen führen.

Wie bereits erwähnt, besitzen die Menschen fast nie nur eine einzige Eigenschaft. Meistens handelt es sich um eine Kombination von zwei oder drei Hauptmerkmalen von Tiertypen. Deshalb werden die zwei Charaktere, die den größten Einfluss auf die Kommunikation, Zusammenarbeit und Verhandlung ausüben, miteinander kombiniert und behandelt.

Treffen zwei unterschiedliche Tiereigenschaften auf eine Person, werden bestimmte prägende Charakteristika gemildert oder verstärkt. Das Verhalten dieser Tierkombination kann je nach Kontext variieren. Zugrunde gelegt werden in dieser Lektüre primär heikle Situationen mit einem gewissen Konfliktpotenzial.

Folgende neun Tierkombinationen werden untersucht und behandelt:

- » Pferd als Korrektiv
- » Hund-Giraffe
- » Hund-Fuchs
- » Hund-Fuchs-Giraffe
- » Giraffe-Lamm
- » Affe-Breitmaulfrosch
- » Pferd-Pferd
- » Affe-Hund
- » Igel-Lamm
- » Fuchs-Giraffe

Das **Nilpferd** wird nicht in Betracht gezogen, weil es meistens kein „reines", sondern ein „mutiertes" Tier ist.

Bei der Behandlung dieser Haupttiertypen können punktuell weitere Eigenschaften als zusätzliche Einflussfaktoren kurz beschrieben werden.

Weil das **Pferd** als positiver und ausgleichender Tiertypus dargestellt wird, fungiert es primär als Integrationsfigur bei den anderen Tieren.

Die Zusammensetzung dieser Tiermerkmale ist als prozentual paritätisch zu betrachten.

Die Bezeichnung Hund-Giraffe oder Giraffe-Hund ist identisch.

Der Fokus liegt im Folgenden bei den eher schwierigen Tieren wie Hund, Giraffe, Fuchs und Affe.

Pferde als Korrektiv

Pferde als Sonderfall

Dank der meist konstruktiven Attitüde dieses Tiertypus, genießt es eine Sonderstellung wie das C-Atom im Periodensystem. Das Pferd wird also nicht als Tierkombination, sondern vielmehr als Bindeglied oder **Korrektivfaktor** zwischen Menschentypen beschrieben.

Auch unter den Pferden gibt es unterschiedliche Eigenschaften.

» Das **Vollblut** – ein anmutiger Aristokrat – zeichnet sich durch Schnelligkeit, Wendigkeit und Ausdauer aus.

» Das **Kaltblut** – ein sanftmütiger Riese – gilt mit seiner imposanten Erscheinung als außerordentlich angenehmer Geselle und Arbeitstier.

» Das **Warmblut** – ein vielseitiger Athlet – zeichnet sich durch große Sportbegeisterung aus. Es wird als Spring-, Dressur- oder Frcizcitpfcrd cingcsctzt.

» Das **Halbblut** – ein temperamentvolles Energiebündel – besitzt ein ausgeprägtes Temperament, galoppiert gerne und verfügt über viel Ausdauer. Es wird auch behauptet, dass es aufgrund seines feurigen Gemüts nicht leicht zu bändigen und reiten ist.

Also, trotz vieler gemeinsamer Charakterzüge, ist Pferd nicht gleich Pferd.

Korrektivfaktor im Krisenmanagement

Es gibt lokale und globale Krisen, welche große ökonomische und gesundheitliche Auswirkungen auf die Population haben, wie beispielsweise Wirtschafts- und Finanzkrisen oder Pandemien. Für Krisenmanager mit Pferd-Eigenschaften steht meistens der Sachverhalt und weniger die Emotion im Fokus. Politiker, Wissenschaftler, Fachjournalisten, Unternehmer oder Experten mit solchen Merkmalen, argumentieren vorwiegend sachlich, lösungsorientiert, emotionsneutral, aber auch ohne großen Nachdruck und Enthusiasmus. Wissen, Fakten und seriöse wissenschaftliche Studien stehen im Mittelpunkt ihrer Handlung. Vorgehensweise und Vorschläge sind behutsam, mittel- bis langfristig gerichtet und risikoavers. Die Argumentation ist glaubwürdig, jedoch nicht für alle verständlich. Sie wirken bei vielen Menschen eher nüchtern und distanziert. Diese Menschentypen werden von Bürgern, Kollegen und Mitarbeitern geschätzt aber nicht geliebt.

Die Hund-Giraffen-Typen wirken dagegen nicht ganz wahrheitsgetreu, aber enthusiastisch und optimistisch. Manche von ihnen titulieren Wissenschaftler, Führungskräfte und Politiker mit Pferde-Charakteristika als Angstmacher und Pessimisten. Ihre vorsichtige, durchdachte und sachliche Vorgehensweise kann das breite Publikum nicht mitreißen. Pferde kann man mit den Dieselmotoren der 1950–60iger-Jahre vergleichen, die eine gewisse Zeit für das Vorglühen brauchten. Sie fuhren aber Tausende von Kilometern gemütlich, langsam ohne nennenswerte Reparaturen. Hund-Giraffe- oder auch Fuchs-Giraffe-Kombinationen sind dagegen Rennautos, die sehr schnell beschleunigen und fahren. Kilometerzahl und Dauer sind spürbar kürzer als bei Dieselfahrzeugen. Der ausgeklügelte und anfällige Motor vermittelt aber große Emotionen. Für Liebhaber ist der starke Motor nicht laut, er singt nur! (*Il motore della Ferrari canta*).

In unserer digitalisierten Gesellschaft spielt der Faktor Zeit eine immense Rolle. Der vernetzte Mensch liebt häufige, rapide, kurze und prägnante Informationen zur Lösung gegenwärtiger dringender Probleme. Diese Wünsche werden von Affe- und Hund-Giraffen-Typen meistens *verbal* rasch befriedigt, ohne zu erwähnen, dass es keine einfache und schnelle Lösung für komplexe Probleme gibt.

Welcher Pferdetypus ist als Bindeglied oder Korrektivfaktor in solchen Krisenzeiten gefragt?

Das schnelle, wendige Vollblut mit aristokratischen Zügen hat viel Ausdauer. Es ist fähig rasche Entscheidungen zu treffen. Dank seiner Leichtigkeit und graziösem Wesen ist es flexibel, angenehm, konziliant und kooperativ. Korrektivmerkmale, die von Affe, Hund, Fuchs und teilweise auch von der beratungsresistenten Giraffe geschätzt werden und bei Menschen sehr gut ankommen.

Das sanftmütige, riesige und imposante Kaltblut kann durchaus als Mittler zwischen bellenden Hunden, perfiden Füchsen und hochnäsigen Giraffen – oder allen zusammen – fungieren. Es ist kaum angreifbar, hat ein dickes Fell und großes Sitzfleisch. Es kann stundenlang sitzen, ohne mit den Wimpern zu zucken. Es hört aufmerksam zu, fasst die wichtigsten Punkte zusammen, schafft Ruhe und Gelassenheit, also wesentliche Voraussetzungen für sachliche, zielorientierte und fruchtbare Verhandlungen. Es bringt exzellente Attribute, die als Ergänzung und Bereicherung eingesetzt werden.

Die ausgeprägte Behutsamkeit dieses Menschentypus kann auf Kosten der Zeit gehen. Nicht selten entscheiden sie sehr oder zu langsam.

Das vielseitige Warmblut kann für unterschiedliche Sportdisziplinen eingesetzt werden. Es zeichnet sich für große Sportbegeisterung aus. Ein solcher Menschentyp kann Bürger, Kollegen oder Mitarbeiter emotional für seine Sache sensibilisieren. Es braucht keinen Hund als Motivator, weil es selbst diese Funktion ausüben kann. Solange es der Hund-Giraffe die Show nicht stiehlt, kann es durchaus als passenden Korrektiv für alle drei Tiertypen agieren.

Das temperametvolle Halbblut galoppiert gerne und verfügt über viel Energie und Ausdauer.

Es besitzt ähnliche Eigenschaften wie ein vitaler Hund. Wegen seines rebellischen Charakters sind harte Auseinandersetzungen mit bellenden Hunden quasi vorprogrammiert. Dieser Pferdetypus fungiert nicht so gut als Korrektiv zu anderen Tieren, sondern als Protagonist oder Solist. Menschen mit solcher Prägung besitzen die passenden Requisiten eines guten Krisenmanagers. Eine Zusammenarbeit und Kohabitation mit Hund-Giraffe ist nur möglich, wenn es ihr das Primadonna-Verhalten nicht streitig macht. Trotz seines feurigen Gemüts besitzt es eine größere Anpassungsfähigkeit als eine Hund-Giraffe.

Hund-Giraffe-Kombination

Diese Mischung stellt **wahrscheinlich** die **größte kommunikative Herausforderung** für alle involvierten Kontrahenten dar. Der enthusiastische, couragierte und kämpferische Hund verleiht der arroganten, machtbesessenen, karriereorientierten, beratungsresistenten und rechthaberischen Giraffe Dominanz, Resolutheit, Aggressivität, Selbstsicherheit und Durchsetzungsvermögen. Also Eigenschaften, welche die elitäre Giraffe für die Erreichung ihrer ambitionierten Ziele einsetzen kann. Nun ist sie weniger die *komplexbeladene* Persönlichkeit, sondern viel mehr eine sichere und mitreißende Person, die sich in Konfliktsituationen energisch durchsetzen kann, ohne auf ihre klassischen Giraffenattribute zu verzichten.

Wie beschrieben, variiert die Intensität des Giraffenverhaltens in Abhängigkeit ihrer Machtposition. Befindet sie sich in der unteren Hierarchieebene oder in einer schwächeren Verhandlungsposition, verliert sie – ganz oder teilweise - ihre arrogante und egozentrische Haltung. Sie reagiert meistens konzilianter, weniger abwertend und manchmal sogar kooperativ.

Der Hund dagegen ändert selten – oder viel weniger - sein natürliches, dominantes und provokatives Benehmen. Der *echte* Hund gibt nur nach, wenn sein Kontrahent viel mächtiger ist als er selbst. Trotzdem wird er versuchen mit seiner angeborenen Resolutheit zu kämpfen und sich durchzusetzen. Das Bellen gehört zu seinem Naturell unabhängig von seiner Körpergröße. Nicht selten bellen die kleinsten Hunde am häufigsten und am lautesten.

In der Politik und in der freien Wirtschaft haben zahlreiche Menschen mit Hund-Giraffe-Eigenschaften Führungspositionen inne. Die erreichte **Machtposition** begünstigt oft ihre Überheblichkeit, die zu einer großen emotionalen Distanz führt. Neben diesem Menschentyp ist jeder kleiner. Er ist einfach der Größte und findet offenbar Freude daran Kontrahenten zu erniedrigen.

Man stellt oft fest, wie leicht und unbekümmert vor allem Spitzenpolitiker dieser Prägung mit dem Begriff Wahrheit umgehen. Je nach Kontext können sie völlig neue Argumente erfinden, leichte Lösungen für komplexe Probleme vorschlagen, imaginäre Feinde als *Corpus delicti* aller Probleme schaffen, Opponenten als Lügner titulieren, evidente Tatsachen ignorieren oder verdrehen, süffisant und zynisch lügen, ohne dabei verlegen zu wirken. Dank ihrer markanten **Selbstüberschätzung** und **Dominanz** nach dem Motto: „Ich kann mir alles leisten!", „Mir kann nichts passieren!", scheinen sie diese Situation zu goutieren. Anstatt sich für ihre inhaltsarmen Argumente zu schämen, gewinnen sie sogar an Sicherheit. Sie nutzen den immer größer werdenden Informationsüberüberfluss unserer technisch-vernetzten Gesellschaft und das Kurzzeitgedächtnis der Menschen optimal aus.

Führungskräfte mit diesen Attributen in der freien Wirtschaft gehen jedoch behutsamer mit Lügen, Erfindungen und falschen Behauptungen als Spitzenpolitiker um.

Die Hund-Giraffen scheuen keinen **Konflikt** und – wenn sie es für richtig halten – provozieren die Auseinandersetzung. Eine Diskrepanz zwischen Selbstbild und Fremdbild ist spürbar. Weil sie in Konfliktsituationen die **eigenen Ziele** in den Vordergrund stellen, sind sie **nicht empathisch** und konsequenterweise kaum **kompromissbereit**. Ihr provokatives Vokabular kann oft abstoßend und beleidigend sein. Ihre auffallende **Machtbesessenheit** ist permanent präsent. Die zahlreichen täglichen Tweets betonen außerdem ihr hohes Mitteilungsbedürfnis und ihr **Primadonna-Benehmen** wird als **arrogant** und **rechthaberisch** empfunden. Bei hitzigen und heiklen Themen nehmen diese Menschentypen eine **Eskalation des Konflikts** in Kauf, dabei geraten vor allem sie als Person, und weniger der Inhalt, in den Fokus der Auseinandersetzung.

Von ihren Mitarbeitern verlangen diese Menschen absolute **Loyalität**. Werden sie von ihnen argumentativ und rational widersprochen, folgt prompt die erwartende **Revanche** mit allen negativen Konsequenzen für alle Beteiligten. Sie reagieren meistens **ungeduldig**, **impulsiv**, **kampfbereit** (zeigen Zähne) und leicht **reizbar**. Fühlen sie sich angegriffen und in ihrem Stolz verletzt, benutzen sie ihr ausgeprägtes **Durchsetzungsvermögen** und schlagen schnell, entschlossen und rücksichtslos zurück.

Agiert diese Person auf der **horizontalen Kommunikationsebene**, sieht sie ihre Mitarbeiter nicht als Kollegen, sondern primär als Antagonisten. Dank ihrer notorischen **Wettbewerbsorientierung** und Machtbesessenheit wird sie energisch versuchen, die Oberhand und das Kommando zu übernehmen. Das geht allerdings auf Kosten des Teamspirits, Arbeitsklimas und einer engen und stabilen Zusammenarbeit. Zeigen die Kollegen einen hartnäckigen Widerstand, ist ein für beide Seiten schädlicher verbaler Krieg vorprogrammiert.

Bei **Verhandlungen** mit externen Kunden ist die Hund-Giraffe-Kombination ein schwieriges Unterfangen. Ohne Empathie, aktives Zuhören, Dialog- und Kompromissbereitschaft und vor allem **Vertrauen** ist es schwer solide Geschäftsbeziehungen aufzubauen.

Die Hund-Giraffe-Mischung ist nicht per se eine schwierige und unerträgliche Person. Viele Menschen mögen Politiker und auch Führungskräften mit solchen Charakterzügen. Sie sind authentisch, sehr fleißig und engagiert, können Massen mobilisieren, vermitteln **Stärke, Sicherheit, Beständigkeit** und **Ordnung**, Eigenschaften die von vielen Bürgern sehr geschätzt werden. Außerdem strahlen sie **Optimismus** aus. Sie präferieren einen sakralen, machtbesessenen und Macho-Regierungschef an der Macht, als Chaos auf der Straße. Diese Politiker benutzen gerne Floskeln vergangener Epochen: „Wie in guten alten Zeiten!", oder „Zurück zu unseren Stärken!", oder „Ich gebe euch, was verloren ging!" etc. So entsteht eine markante Polarisierung in der Gesellschaft. Diese Politiker attackieren permanent einen von ihnen selbst erfundenen Übelverursacher. Insbesondere in unsicheren Zeiten fühlen sich ihre Anhänger angesprochen, **verstanden**, **geschützt** und **geborgen**. Sie kümmern sich kaum um die Echtheit mancher Argumente und Behauptungen ihres Idols. Sie schützen ihn bzw. sie, mit einfachen aber effektiven Sätzen wie: „Auch andere Politiker bzw. Menschen lügen!", „Keiner ist perfekt!" etc. Hauptsache, sie fühlen sich ernstgenommen und nicht allein gelassen. Die Gegner dagegen hassen sie einfach.

Es gibt aber auch Firmeninhaber, Führungskräfte und Manager in der freien Wirtschaft, die solche Eigenschaften besitzen und eine enge **emotionale Bindung** mit ihren Mitarbeitern haben. Das betrifft auch manche namhaften, global agierenden und patriarchalisch geführten Unternehmen deren Mitarbeiter die Sicherheit mehr schätzen als einen demokratisch geführten partizipativen Führungsstil.

Fazit

Arrogante Individuen sind bekannterweise **beratungsresistent** und tendieren dazu, die Meinung anderer Menschen zu ignorieren. So ein Verhalten ist typisch für diese Tierkombination. Man muss eine solche **Attitüde** einfach **akzeptieren** und nicht versuchen sie zu ändern. Das wäre fatal, vor allem im Konfliktmanagement. Eine **blasierte Haltung** ist meistens eine Fassade. Jean Rostand hat diesbezüglich gesagt: „Arroganz ist das Selbstbewusstsein des Minderwertigkeitskomplexes". Das sollte man sich merken, aber diesen Menschen nicht zeigen.

Ist dieser Menschentyp ein Vorgesetzter, eine Führungskraft, ein wichtiger Kunde oder sitzt er/sie einfach am längeren Hebel, steigt die Herausforderung exponentiell. Man darf einem solchen Menschen nicht offen widersprechen, weil er/sie die Weisheit mit dem Löffel gegessen hat und keine Ratschläge braucht, auch wenn sie sachlich, zielgerichtet und wahr sind.

Noch kontraproduktiver sind **Provokationen** und verbale **Attacken**. Die Hund-Giraffe wird sehr wahrscheinlich arrogant, gereizt und **erniedrigen** wie eine **egomane** Giraffe reagieren und resolut, laut und energisch wie ein aggressiver Hund bellen.

Ebenso gefährlich ist ein harter, langwieriger und anstrengender Disput mit diesem Kontrahenten über seine *unpräzisen* Äußerungen. In diesem Fall wird diese Person mit erlaubten und auch unerlaubten Mitteln versuchen energisch und kämpferisch ihr Gesicht zu wahren. Das führt mit Sicherheit zu einer Frontalauseinandersetzung voller persönlicher Schuldzuweisungen. Vor lauter Animositäten vergisst man den wahren Grund der Diskussion. Ein rein emotionaler und aggressiver Schlagaustausch soll unbedingt vermieden werden, weil er zwangsläufig in eine Sackgasse führt. Eine intellektuelle (**schlauer Fuchs**) und besonnene Vorgehensweise (**aristokratisches Pferd als Integrationsfaktor**) ist ein **probates Kommunikationsinstrument**. So kann man schon die logisch fundierten Schwächen und das wackelig wissenschaftliche Fundament der Aussagen des Disputanten hervorheben, ohne aber den Zeigefinger auf ihn zu richten. Ziel ist hauptsächlich die **argumentative Isolierung** und nicht eine **sterile Debatte** mit diesem Individuum. In solchen Situationen ist die Anwesenheit weiterer Hunde bzw. Giraffen kontraindiziert.

Bei sachlich jedoch kontrovers geführten Diskussionen soll die Hund-Giraffe **Teil** der *eigenen* **Ideen**, **Vorschläge** und **Lösungen** werden. Sie muss sich als **Protagonistin** fühlen und ein aktiver **Mitgestalter** der Lösung werden.

Weder devotes Verhalten noch vehementer Angriff, sondern **Professionalität** und **Souveränität** sind adäquate Mittel im Umgang mit diesem Menschentyp.

Hund-Fuchs-Kombination

Der Fuchs-Hund-Typus ist eine ziemlich häufig vorkommende Kombination. Sie verbindet Eigenschaften wie Intelligenz, Esprit, Witz, Eloquenz, Schlauheit mit Kraft, Durchsetzungsvermögen, Dominanz, Aggressivität und Initiative. Insbesondere bei stark kontrovers debattierten Themen treten diese Charakteristika gemeinsam auf. Die Kombination Fuchs-Hund – (mit einer Fuchs-Prädominanz) – reduziert die Gefahr des emotionalen oder gar impulsiven Verhaltens. Die starke Fuchskomponente ist stets spürbar. Sie profitiert jedoch von der Initiative und dem Durchsetzungsvermögen des Hundes.

Bei kontroversen Auseinandersetzungen zieht diese Person alle verfügbaren Register seines großen Kommunikationsrepertoires, um schließlich als Sieger (Gewinner) hervorzugehen. Je nach Situation können seine rhetorischen Fähigkeiten vehementer und emotionaler und sein Verhalten energischer und dominanter erscheinen. Wird von der Gegenseite emotional und rational provoziert, nimmt er die Herausforderung gerne an. Trotz dass er keine direkte Konfrontation sucht, fühlt er sich attackiert, geht er dem harten Disput nicht aus dem Weg. Tendenziell setzt der Hund-Fuchs zuerst auf seine Kenntnisse und brillante Rhetorik. Reicht sie jedoch nicht aus, setzt er sowohl die klassischen Hund-Komponenten wie Entschlossenheit und Durchsetzungsvermögen ein. Im Gegensatz zum *echten* Hund, dessen Aggressivität permanent spürbar ist, stellt der offene Kampf meistens die *Ultima Ratio* dar.

Beispiel 6 | Umgang eines Professors mit Hund-Fuchs-Qualitäten mit Studierenden (vertikale Kommunikation)

Ein erfolgreicher, sehr fleißiger, junger, promovierter Unternehmensberater mit langjähriger internationaler Erfahrung hat sich mit 33 Jahren für die akademische Laufbahn entschieden. An seiner ehemaligen, renommierten Universität erhielt er sofort eine Professur für Betriebswirtschaftslehre. Dieser dynamische Professor besitzt ein außergewöhnliches Auffassungsvermögen und ist bemerkenswert initiativ. Er begreift mit erstaunlicher Leichtigkeit und Rapidität auch komplexe Zusammenhänge unterschiedlicher Gebiete. Auffällig sind ferner seine Hyperaktivität – ein Attribut des Affen – und seine herausragende Schnelligkeit im Denken, Reden und Handeln. Diese große Gabe kommt speziell bei internationalen Studenten, deren Deutschkenntnisse so manches Defizit aufweisen, nicht immer gut an. Für viele Studierende redet der Professor einfach zu schnell. Aufgrund seiner großen Eloquenz sind seine Gedanken, Diskurse und gut besuchten Vorlesungen gespickt mit Anekdoten, ausgewählter Terminologie und interessanten fachlichen Aspekten. Zahlreichen Zuhörern fällt es schwer, ihm zu folgen. Lediglich die Begabten fühlen sich bei ihm wohl. Seine besonderen geistigen Eigenschaften schränken jedoch teilweise die Empathie ein, welche bei Vorlesungen, Seminaren, Vorträgen und Veranstaltungen eine zentrale Rolle spielt. Weil der Professor kaum mentale Hindernisse kennt, tut er sich nicht leicht, sich in die Lage der vermeintlich „schwächeren" Zuhörer zu versetzen. Das geistige Niveau ist sehr hoch, und die greifbare Hundekomponente des jungen Professors erhöht seine stürmische Impulsivität. Die zurückhaltenden und unsicheren Studenten haben Angst davor, ihm Fragen zu stellen. So trauen sich die meisten von ihnen kaum, selbst simple Verständnisfragen zu stellen. Einige von ihnen bleiben einfach auf der Strecke. Jedoch sind die besten Studierenden von ihm begeistert. Der Professor stellt hohe Ansprüche an sich selbst und an die Studierenden. Er diktiert das Tempo (Pace-Setting Leadership-Style).

Beispiel 7 | Umgang eines Hund-Fuchs-Professors mit Kollegen (horizontale Kommunikation)

Die kommunikative Annäherung dieses vitalen Professors mit Kollegen verläuft keineswegs leicht und reibungslos. Das ist nicht nur auf seinen großen Drang zur Initiative zurückzuführen, sondern vielmehr auf seine direkte und scharfe Art, mit der er Sachverhalte zielorientiert und zügig behandelt. Als problemlösungsorientierter Mensch mit Führungsfunktionen im Professorenkollegium nimmt er keine – oder zu wenig – Rücksicht auf Hierarchie, Status und menschliche Empfindlichkeiten der Beteiligten. Bei Professoren-Meetings, bei denen kontrovers diskutiert wird, kommen seine Fuchs- und Hund-Charakterzüge schnell zur Geltung. Als ungeduldiger Fuchs hat er seine Probleme im Umgang mit redseligen Breitmaulfröschen, hyperaktiven Affen und noch mehr mit lethargischen Nilpferden. Er reagiert gereizt und wird schnell aggressiv. Bei belanglosen, langatmigen Diskussionen ohne Substanz wird er intolerant. Der Hund in ihm bringt jedoch redselige Kollegen schnell zum Schweigen. Manche ziehen sich am Ende der Sitzung desavouiert zurück.

Die starke Hundekomponente (keine Prädominanz) lässt kaum oder wenig Spielraum für Diplomatie, Fingerspitzengefühl und Empathie. Strebt der Professor eines Tages ambitionierte Positionen innerhalb der Universität an, ist er auf die Unterstützung der Kollegen und wissenschaftlichen Mitarbeiter angewiesen. Seine polarisierende Art und seine stets präsente Aversion gegen unstrukturierte und kräftezehrende Diskurse könnten ihm zum Verhängnis werden. Problematischer ist jedoch der Umgang mit den (viel zu) vielen Giraffen. Professoren haben eine auffallende Prädisposition zur klassischen *Primadonna assoluta*. Strebsame Giraffen lassen sich kaum, auch nicht von fähigen, fleißigen und charakterstarken Kollegen, beeinflussen. Sogar bei Auseinandersetzungen mit *Primi inter Pares* zeigen sie gerne ihre arrogante Seite, ebenso bei Diskussionen mit Gleichgestellten und noch stärker bei Untergebenen.

Unser Professor achtet nicht auf diese Befindlichkeiten und zeigt genüsslich seinen gut konzipierten Standpunkt (Fuchs), den er mit seinen Dentes canini (Eckzähnen) vehement verteidigt (Hund). Vor allem, wenn er von seiner Meinung überzeugt ist, kennt er kein Pardon, und das völlig unabhängig von Menschentypen, Zielen und Kontext. Er schaufelt wie eine Raupe nach Gründen, wissenschaftlichen Beweisen und Belegen. Er schmettert die Widerstände seiner Kollegen ohne Rücksicht auf Verluste ab. Bei nicht stichhaltigen Gegenargumenten seiner Kontrahenten wird er noch impulsiver, ungeduldiger und auch gereizter. Mit dieser risikoreichen Vorgehensweise nimmt er sogar den Abbruch der Diskussion in Kauf

Tipps

Grundsätzlich ist die Präsenz eines fachlich fähigen Hund-Fuchs unbedingt erforderlich, vor allem bei schwierigen Verhandlungen, Veränderungsprozessen, bei der Lösung komplexer Themen und bei unpopulären Entscheidungen. Das größte Hindernis sind die spezifischen Eigenschaften eines solchen Menschentyps.

Trotz intelligenter Vorschläge, strategischer Weitsicht, großer Initiative und außergewöhnlicher Arbeitsintensität, konnte sich der energische Professor im Umgang mit Giraffen, Breitmaulfröschen und Hunden kaum durchsetzen. Manche Entscheidungsgremien lehnten seine Ideen primär wegen seiner kompromisslosen und harten Vorgehensweise strikt ab. Um Ruhe zu bewahren, zogen manche Kollegen Mediokrität dem Feingeist vor. Seine gut ausgearbeiteten Konzepte standen oft auf der Kippe, und seine Fähigkeiten wurden leider nicht adäquat eingesetzt.

Mittel- und langfristig konnte (und kann) eine so renommierte Universität auf einen so fähigen Professor nicht verzichten. So bekam er eine wertvolle Unterstützung durch einen befreundeten Professor mit komplementären Eigenschaften (Fuchs-Pferd). Dieser übernahm bei emotionalen Debatten die Gesprächsführung. Dabei vertrat er die gleichen Ideen und Meinungen wie sein Fuchs-Hund-Kollege. Dank seiner souveränen und vor allem kaum konfrontativen Haltung war er jedoch besser in der Lage, eine für den Zweck wichtige persönliche Beziehung mit den schärfsten Opponenten herzustellen und die Diskussionen in sachliche Bahnen zu lenken.

Das zeigt wieder einmal, dass ein noch so guter Vorschlag nicht nur aufgrund seiner Validität angenommen oder abgelehnt wird. Die Emotionen können speziell bei stark polarisierenden Fuchs-Hund-Entscheidungsträgern ausschlaggebend für die Akzeptanz eines Vorschlages sein. Die Unterstützung oder Ablehnung einer Idee hängt auch von dem Grad der Sympathie oder Antipathie für einen Kollegen ab. Eine kluge Zusammensetzung unterschiedlicher Charaktere kann ein entscheidender Faktor bei Entscheidungen sein.

Zwei solcher Menschentypen vertragen sich nicht gut

Treffen zwei Kontrahenten mit diesen charakterlichen Eigenschaften aufeinander, und vertreten sie unterschiedliche Meinungen und Positionen, entwickelt sich die Kommunikation einerseits zu einer offenen Konfrontation auf einem hohen intellektuellen Niveau und andererseits zu einer emotionalen, lauten und angriffslustigen offenen Schlacht. Es ist schwer vorauszusehen, welche Komponente (Intellekt vs. Vitalität) sich letztendlich durchsetzt. Allein werden sie der Situation wahrscheinlich nicht Herr.

Ein Kontrahent mit diesen Mischeigenschaften ist grundsätzlich schwieriger, mühsamer und hartnäckiger als ein reinrassiger Hund. Hier treten Intelligenz und Kampfgeist simultan oder sukzessiv auf.

Die Mischung Hund-Fuchs ist nicht nur ein harter und aggressiver, sondern zwangsläufig auch ein schlauer und redegewandter Menschentyp. Bei Meinungsdivergenzen wird die Redekunst von starkem und durchsetzungsgeprägtem Verhalten begleitet. Neben plausiblen Argumenten werden **Zähne** gezeigt, die Stimme wird lauter, bestimmender und in Stresssituationen aggressiver. Bei einer starken Eskalation kann das angriffslustige und kampfbereite Wesen des Hundes die souveräne Haltung, die subtile Logik und die sachlichen Argumente des Fuchses überlagern. Die Balance der Charakteristika beider Typen ist gestört; die Härte setzt sich auf Kosten der inhaltlichen Auseinandersetzung durch.

Fuchsattitüde mit Dominanz

Im Umgang mit einem solchen Kontrahenten ist die Anwesenheit eines fachlich kompetenten Fuchses zu empfehlen, weil er gerne mit gleichwertigen Antagonisten dialogiert und verhandelt. Beide fühlen sich dann fachlich ernstgenommen und herausgefordert.

Besitzt jedoch ein Fuchs eine klare Tendenz zur Dominanz – auffällige Hundeattitüde –, könnten die geistig-intellektuellen Fähigkeiten des Gesprächspartners für die Auseinandersetzung nicht mehr ausreichen. Neben der Intelligenz braucht der Gesprächspartner nun Kampfgeist und eine dicke Haut. Bei einer solchen Konstellation entsteht eine Verhaltensasymmetrie zwischen den Kontrahenten. Eine derartige Begegnung kann schwierig werden, wenn die Gegenspieler auf der gleichen hierarchischen Ebene stehen, und keiner die notwendige Kompetenz besitzt, ein **Machtwort** zu sprechen und die Diskussion zu beenden. In diesem Fall braucht man einen Entscheidungsbefugten, der ohne Wenn und Aber das letzte Wort hat und dieses auch ausspricht.

Herrscht dagegen zwischen den Fuchs-Hund-Opponenten eine klare **Hierarchie**, ist das Problem lösbar. Der hierarchisch Untergeordnete muss sich zwangsläufig anpassen.

Wegen der häufigen Präsenz der Fuchs-Hund-Kombination im Berufsleben kommt dieser Spezies eine große Bedeutung zu.

Hund-Fuchs-Giraffe-Kombination

Die Mischung Hund-Fuchs-Giraffe stellt wahrscheinlich eine der **herausforderndsten** Kombinationen dar. Zum Feingeist des Fuchses und zum Durchsetzungsvermögen des Hundes kommen nun noch die Überheblichkeit und Eitelkeit einer Giraffe hinzu. Je nach Situation kann eine solche Person durchaus alle **drei Eigenschaften** aktivieren. Bei stark kontroversen Auseinandersetzungen und Verhandlungen kann dieser Mensch seine Durchsetzungskraft einsetzen, um dem Gegner zu imponieren. Er kann aber auch sachlich, klug, eloquent und hinterlistig sein. Dieser Menschentyp hat aber auch die Möglichkeit, die typischen Giraffenmerkmale zu mobilisieren. Das hängt nicht nur vom situativen Kontext ab, sondern primär von den anvisierten Zielen ab. Die Wahl eines bestimmten Verhaltensmodus korreliert eng mit Verhalten und Ziel der Gegenseite.

Bei einer spürbaren **Fuchskomponente** wird die Kommunikation eines solchen Individuums subtiler, sachlicher, zielgerichteter und gelassener. Die Auseinandersetzung erfolgt verstärkt auf der intellektuellen Ebene. Es wird weniger das Schwert und mehr das Florett benutzt. Verstand, **Eloquenz**, Konkretheit und **rhetorische Finessen** kompensieren teilweise den typisch zynischen, frontalen und emotionsgeladenen Angriff der Hunde-Giraffen. Auch wenn sie gute Ideen und Vorschläge haben, werden sie oft aus persönlichen Gründen wie Antipathie oder Abneigung, abgelehnt bzw. nicht umgesetzt.

Ein solch schwieriger Gegenspieler, der sein Verhalten ändert wie ein **Chamäleon** die Farbe, kann situativ ad hoc reagieren, ohne sich zu sehr anzupassen. Hier treten **Intelligenz**, **Kampfgeist** und **Arroganz** simultan oder sukzessiv auf.

Diese Kombination kann also das Gegenüber durchaus beleidigen und erniedrigen. Sie wird wahrscheinlich weniger von Dominanz geprägt sein, aber sicherlich subtiler und eindeutig personenorientiert.

Auch hier wie bei der Menschentypkombination Hund-Fuchs kann hierarchische Position der entscheidende Faktor sein. Falls es diese

Konstellation nicht gibt, ist die Einschaltung eines höhergestellten oder zumindest entscheidungsbefugten Dritten zu empfehlen.

Das sollten Sie wissen!

»Diese Tierkombination besteht – ausnahmsweise – aus drei und nicht aus zwei üblichen Komponenten, die am Ende des Buches tabellarisch zusammengefasst sind. Diese Dreierkombination erscheint nicht im Anhang.«

Giraffe-Lamm-Kombination

Kann in einer Giraffe ein Lämmchen stecken? Auch wenn diese Tier-typus-Konstellation auf den ersten Blick ziemlich ungewöhnlich und seltsam erscheint, gibt es sie doch häufiger als vermutet. Das unter-streicht die erwähnte innere Unsicherheit einer arroganten Person.

Der folgende Fall soll für mehr Klarheit über solche Aussagen liefern.

Beispiel 8 | Der Präfekt im Internat

Der Präfekt (ein leitender Geistlicher der katholischen Kirche) eines großen Internats war von Lehrern, Mitarbeitern und vor allem Schü-lern (primär Gymnasiasten) als **unnahbarer**, **distanzierter** und **arroganter** Prälat stigmatisiert. Er wurde sehr **gefürchtet**. Diese negative Reputation wurde von Jahrgang zu Jahrgang einfach wei-tergeleitet. Der schlechte Ruf war größtenteils begründet.

Physische Erscheinung und Benehmen des Präfekts

Dieser athletische Mensch mit imposanter Struktur und markanten Gesichtszügen trug große Hornbrillen mit sehr dicken, meist getön-ten Linsen, welche die Augen verzerrten und die optische Kommuni-kation stark beeinträchtigten. Es war fast unmöglich ihm in die Au-gen zu schauen. Der Präfekt lief immer mit gehobenem Haupt und gestriegelten, leicht gewelkten dünnen Haaren umher. Er sprach von oben nach unten herab wie eine echte Giraffe. Er lächelte fast nie, die markanten Stirnfalten machten seinen Gesichtsausdruck noch stren-ger. Eine solche physische Erscheinung versetzte jeden in **Ehr-furcht**. Insbesondere unsichere und schüchterne Menschen versuch-ten ihn stets zu meiden.

Sein Ton war harsch, seine Sprache süffisant, präzise, direkt, sach- und zielorientiert ohne jegliche Kolorationen und Umschreibungen. Arme und Hände – insbesondere der rechte **Zeigefinger** – waren ständig in Bewegung als ob er stets Befehle gäbe. Seine Schritte waren groß, sicher und dynamisch. Der ganze Körper strahlte eine eindeutige Ungeduld und manchmal Hektik aus.

Wenn die Mitarbeiter oder Schüler versuchten länger mit ihm zu reden, wich er verbal und nonverbal schnell ab. In seinem dunklen Büro saß er hinter einem großen Holzschreibtisch voller Utensilien, die eine zusätzliche Sprachbarriere darstellten. Sein gepflegtes Gesicht war hinter einer kleinen Tischlampe kaum sichtbar. Die obligatorische große schwarze Hornbrille machte einen furchterregenden Eindruck auf den Besucher, der schon während des Türklopfens auf seine raue und tiefe Stimme und das „Herein" ängstlich wartete. Der *unwillkommene* Gast blieb in der Regel nur wenige Minuten in seinem Büro. Meistens verließ er degoutiert den ungemütlichen Raum.

Im Umgang mit externen Personen – vorwiegend in öffentlichen Lokalen – verhielt sich der Prälat ganz anders. Er war ungewöhnlich **freundlich, konziliant**, gesprächig, entspannt, fröhlich, **bescheiden** und sogar **devot**. Er trug nicht die üblichen strengen, dunklen Brillen, sondern Designergestelle in unterschiedlichen Farben. Bei Verabredungen war er pünktlich und ließ niemanden auf sich warten. Der Prälat war wie verwandelt.

Welche Haltung war die natürliche?

Fazit

Insbesondere ängstliche Menschen mit geringem **Selbstwertgefühl** können eine völlig neue und für sie **unnatürliche Haltung** übernehmen. Dabei verlieren sie ihre **Authentizität**, wirken unecht, nicht gerade sympathisch und unglaubwürdig. Sie sind sich ihrer *Schwächen* bewusst, deshalb versuchen sie krampfhaft, ihr wahres (natürliches) **Gesicht zu verbergen**. Anstatt sich authentisch wie ein echtes Lämmchen zu benehmen und dessen typische Eigenschaften wie Zuverlässigkeit, Sorgfalt, Zurückhaltung, Bescheidenheit, Kooperationsfähigkeit aber auch Unsicherheit, Vorsicht und Ängste zu zeigen, tragen sie eine Maske und verhalten sich elitär und arrogant. Dabei übernehmen sie die *negativen* Attribute einer Giraffe (Hochmut, Kommandohaltung, Egozentrismus etc.). Sie benehmen sich wie eine unnahbare und hochnäsige **Diva** mit den zugehörenden Allüren. Eine solche radikale Wandlung ist meistens mit der Ausübung einer bestimmten Funktion gekoppelt. Stereotypisch betrachtet muss der Präfekt eines berühmten Internats streng, distanziert und emotionsarm sein, weil er zeigen will, wie man einen solchen Betrieb mit eiserner Hand führt. Das passt ganz gut zu den echten Hunden oder Giraffen – oder beiden zusammen – aber nicht zu einem sensiblen und zurückhaltenden Lämmchen, das eine unnatürliche Rolle spielen will. Dieser Mensch vergisst das verbreitete Sprichwort: „Das Original ist besser als eine (schlechte) Kopie".

Tipps

Wegen der großen Sensibilität einer solchen Person, ist es nicht ratsam über sein Doppelbenehmen zu reden. Es ist besser, es gänzlich zu ignorieren. Ein Lämmchen reagiert extrem empfindlich und degoutiert auf negative Bemerkungen, geschweige denn auf Kritik. Außerdem mag es belehrende Besserwisser gar nicht. Das Gefühl des Gesichtsverlustes bei diesen konträren Charakteren (Lamm-Giraffe) kann verheerende Folgen für die interpersonellen Beziehungen haben. Das muss unbedingt vermieden werden. Will man die Zusammenarbeit mit einem solchen Menschen verbessern, muss man **Zeit** und **Empathie** investieren. Eine geeignete Strategie ist die **Sozialisierung** außerhalb der Organisation. Die Schaffung einer angenehmen Atmosphäre und persönlichen Beziehung mit einem solchen Menschentypus ist die ideale Voraussetzung für eine offene und ehrliche Interaktion. Erst danach öffnet er sich allmählich und legt schrittweise das Giraffe-Verhalten ab. Eine solche Umwandlung hat große positive Auswirkungen auf die Arbeitsatmosphäre, Kommunikation und Zusammenarbeit.

Das sollten Sie wissen!

»Die *wahren* Charakterzüge von Lamm und Giraffe kommen fast nie zusammen im gleichen Individuum vor, weil sie sich größtenteils neutralisieren. Ist ein Mensch ein *echtes* Lamm, kann er durchaus ein völlig anderes Verhalten übernehmen. Das obige Beispiel ist ein Beweis dafür. Es handelt sich jedoch um eine *gewollte* bzw. *erzwungene* und nicht um eine natürliche Eigenschaft. Das Lämmchen trägt in diesem Fall eine Maske. Dieser Mensch ist fest überzeugt, dass er als Giraffe den Mitmenschen imponieren kann. Solange das Lamm kein ausgeprägtes Schauspielertalent besitzt – das kommt sehr selten bei diesen Tiertypen vor –, wird es früher oder später insbesondere von Frauen ertappt und bloßgestellt. Das führt zwangsläufig zum Konflikt, weil die *Pseudogiraffe* – insbesondere, wenn sie in einer Führungsposition ist – die eigenen Schwächen vehement verbergen will. Es kann aber auch vorkommen, dass diese Person nicht ernstgenommen wird. Beides ist für die *Pseudogiraffe* negativ.

Wie bereits erwähnt, kann das arrogante Auftreten einer Giraffe u. a. die Folge eines persönlichen Problems bzw. Komplexes sein. Der geschilderte Präfekt bestätigt diese Vermutung.

Vor allem berühmte Persönlichkeiten wie Politiker, Unternehmer, Manager, Schauspieler, Sportler etc. stehen permanent im Rampenlicht und zwangsläufig im Fokus unzähliger kritischer neugieriger Augen, welche zu einer raschen Entdeckung menschlicher Schwächen führt.

Wegen der gegenseitigen Neutralisierung dieser konträren Merkmale wird diese *unechte* Tierkombination Giraffe-Lamm nicht im Anhang tabellarisch dargestellt.«

Affe-Breitmaulfrosch-Kombination

Im Umgang mit einem solchen Menschentypus braucht man gute Nerven, die *Geduld des heiligen Franziskus* und viel Zeit.

Wenn eine redselige und quakende Person zugleich auch hyperaktiv, impertinent und sprunghaft ist, dann hat man gewiss ein Problem hinsichtlich der Dauer und Struktur der Konversation. Die Gespräche ziehen sich und münden in lange, unsystematische, zusammenhanglose, schwer nachvollziehbare und wenig einnehmende Erzählungen.

Die Zahl der zu behandelnden Themen und die Suche nach Informationen und Antworten im Smartphone nehmen deutlich zu. Neben der sprachlichen Intensivierung ist beim Breitmaulfrosch-Affen-Typus eine erhöhte Körpervitalität zu beobachten, die für noch mehr kommunikative Verwirrung sorgt. Hyperaktivität, Ungeduld und das Bedürfnis, sich verbal in den Mittelpunkt zu rücken, führen bei diesem Menschentypus zu einer weiteren Abnahme der per se schon schwach entwickelten Fähigkeit des Zuhörens. Hält diese Person eine freie Rede, erkennt der Zuhörer kaum deren wahre Intentionen und Ziele. Ohne strikte Hinweise von außen wäre die festgelegte Redezeit kaum einzuhalten. Eine durchaus strukturierte Diskussion ist nur unter aktiver Mitwirkung eines Moderators möglich.

Für einen redseligen und hyperaktiven gilt das Motto: Vor lauter Bäumen sieht man den Wald nicht mehr. Und mehr noch: Die Bäume sind von den anderen Pflanzen nicht zu unterscheiden. Eine solche Person strapaziert das Diktum von Watzlawick aufs Äußerste: „Man kann nicht *nicht* kommunizieren". Denn diese Menschen senden permanent verbale, paraverbale und nonverbale Signale, wobei sie die Beziehung zu den Ansprechpartnern und den Kontext sträflich vernachlässigen.

Der Vortragende Frosch-Affen-Typus ist bei seinen Präsentationen nur auf sein großes Mitteilungsbedürfnis fixiert, und zwar ohne jegliche empathische Annäherung an seine Zuhörer.

Trotz der mangelnden Tiefe und der oberflächlich erworbenen Kenntnisse besitzen diese Menschen kommunikative Fähigkeiten, die sie nutzen sollten. Allerdings sind sie von ihrer vielseitigen Kommunikationsweise (*Multitasking*) ziemlich überzeugt und schwer zu einer Verhaltensanpassung zu bewegen. Hierin liegt wahrscheinlich das Hauptproblem dieses Menschentyps.

Um diese ambitionierten und extrem hyperaktiven Mitarbeiter nicht zurückzuweisen und dadurch zu demotivieren, sollten sie bei wichtigen Arbeitsprozessen die Möglichkeit erhalten, ihre Kreativität, Innovationsfreudigkeit und ihre soziale Orientierung aktiv und zielkonform einzusetzen. Man sollte ihnen eine solche für das Unternehmen wichtige Funktion einräumen. Weil diese tüchtigen Individuen beschäftigt werden wollen und bereit sind, Verantwortung zu übernehmen, muss man ihnen diese Chance geben. Zu viele Aufgaben sind besser als zu wenige. Die Inputs sollten jedoch selektiert und priorisiert werden. Weil diese *Digital Native*s Feedbacks von ihren Coaches, Mentoren oder Vorgesetzten brauchen, ist die Einführung einer Feedbackkultur notwendig. Dies ermöglicht es allen Beteiligten, sowohl den aktuellen mentalen Zustand des einzelnen Mitarbeiters als auch dessen erreichte Leistung zu kontrollieren und – falls notwendig – ihre Arbeitsweise zu justieren.

Bei älteren Menschen dieses Schlages ist die Aufgabe schwerer zu lösen. Sie sind weniger flexibel und oft ziemlich von sich selbst überzeugt. Dank des leichten und stets verfügbaren Informationszugangs treten sie selbstbewusst und stolz auf. Sie fühlen sich kompetent und fähig genug, das notwendige *Wissen* in kürzester Zeit zu erwerben, und sie sind auch in der Lage, mit ihrer Redseligkeit und sozialen Neigung ihre Kenntnisse zu präsentieren. Sie erfüllen also zwei wichtige Bedingungen. Man darf ihnen diese beiden Stärken nicht entziehen; sie sollten lediglich gezielt und rational eingesetzt werden. Das steigert die Effektivität und Aussagekraft der gesendeten Botschaft, minimiert überflüssige Beiträge, unnötige Kommentare, Wiederholungen und lange, für die Zuhörer stressige Monologe.

Beispiel 9 | Besserwisser und redseliger Affe-Breitmaulfrosch bei einem Arztbesuch

Fragte man noch vor einigen Jahren einen Mediziner, wer aus seiner Sicht der schwierigste Patient sei, so lautete seine Antwort: Das ist eindeutig der Arzt.

Dies hat sich durch die digitalen Medien und den leichten Zugang zu Fachinformationen geändert. Der gut informierte, aktive, redegewandte, jedoch medizinfremde Mensch hat den medizinaffinen Patienten, also den eigentlichen Mediziner, von der Spitze der *Skala schwieriger Patienten* verdrängt.

Glaubt man den Medizinern, scheinen insbesondere Lehrerinnen und Lehrer diese Rolle am häufigsten zu übernehmen. Der nachfolgend geschilderte Fall bestätigt diese Aussage.

Eine 55-jährige Englischlehrerin leidet seit einigen Tagen unter ‚brutalen' Kopfschmerzen und entscheidet sich, zu ihrem Hausarzt zu gehen. Sie will wissen, woher diese von ihr selbst als ‚außergewöhnlich' diagnostizierte Migräne kommt. Selbstverständlich hat sie sich vor dem Arztbesuch über diese Krankheit akribisch informiert.

Als diese eloquente Privatpatientin – die Betonung liegt wohlgemerkt auf privat – bei ihrem Hausarzt war, hat sie, wie erwartet, sofort die Initiative übernommen und dem Arzt, die von ihr diagnostizierte Ursache dieser ‚hartnäckigen' und ‚seltsamen' Migräne Schritt für Schritt dargestellt. Sie schlug ihm sogar die ‚effektivste' und für diese Symptome ‚passende' Behandlung vor. Dabei zitierte sie zahlreiche im Internet gefundene ‚wissenschaftlich' fundierte Publikationen. Die ungeduldige Privatpatientin zog alle ihr zur Verfügung stehenden sprachlichen Register – in der typischen Besserwisser-Affe-Frosch-Manier –, um dem Arzt ihre fundierten medizinischen ‚Kenntnisse' zu demonstrieren. Bei diesem Monolog hatte der Mediziner kaum eine reelle Chance, eine Anamnese zu stellen, ohne ständig von der redseligen Privatpatientin unterbrochen zu werden. Sie war von ihrer Diagnose so überzeugt, dass sie jegliche abweichende Meinung des Mediziners stur ablehnte. Die Argumente des Hausarztes waren von Relevanz, solange sie ihren Behauptungen nicht widersprachen. Der Arzt war ziemlich konsterniert und sehr genervt. Um des Friedens willen gab er ihr die gewünschten Medikamente, und dies ohne irgendwelche Kommentare und Empfehlungen.

So verließ die Privatpatientin glücklich und voller Stolz die Praxis und ging mit dem Rezept in die Apotheke.

Tipps

Wenn es um die eigene Gesundheit geht, kann man sich schon bei den ersten Krankheitssymptomen im Internet erkundigen. Das ist nicht nur legitim, sondern empfehlenswert. Selbst oberflächliche Kenntnisse helfen dem Patienten, den behandelnden Arzt besser zu verstehen und ein ausführliches Gespräch zu führen. Viele Mediziner reden gerne mit interessierten und fachlich versierten Patienten. Dies betrifft sowohl die medizinische Terminologie als auch den Inhalt des Gespräches. Sie empfehlen den Patienten, insbesondere nach der Visite, sich gründlich im Internet zu informieren. Das ist aus ärztlicher Sicht effektiver und reduziert mögliche Diagnosekonflikte zwischen Arzt und Patient.

Die oben vorgestellte Patientin wollte dem Arzt partout ihr im Internet angelesenes medizinisches *Pseudowissen* als erworbene Fachkenntnis demonstrieren. Dies kommt ziemlich häufig vor, speziell bei Menschen mit einer gewissen Redefertigkeit und einer ausgeprägten Neigung zur Besserwisserei.

Allgemein gesprochen wird der Experte (Arzt) künftig verstärkt mit solchen oder ähnlichen Patienten konfrontiert werden. Auch wenn der beschriebene Fall eine Extremsituation darstellt, ist die Tendenz steigend.

Wie der Arzt bei solchen Fällen reagieren soll, hängt von der spezifischen Situation ab. Eine empathische Vorgehensweise mit immer besser informierten Patienten kann gewiss eine sehr große Hilfe für den Mediziner sein. Der Arzt sollte sich mehr Zeit, auch für – aus Sicht des Arztes – schwierige Patienten nehmen. Das schafft wiederum andere Managementprobleme, die hier nicht thematisiert werden. Die kommunikative Annäherung sollte sich jedoch verstärkt auf ein aufmerksames Zuhören und die Herstellung visueller Kommunikation konzentrieren. Erst danach, wenn er bereits im Besitz zahlreicher Inputs seitens des Patienten ist, kann der Arzt schließlich eine passende *persuasive* Kommunikation anwenden

Affe-Hund-Kombination

Kann man sich eine **hyperaktive**, ungeduldige und sprunghafte Person mit Multitasking-Eigenschaften kombiniert mit einem **energischen**, resoluten Menschen mit Durchsetzungsvermögen vorstellen? Die Affe-Hund-Kombination ist der Prototyp eines solchen Individuums.

In Meetings gerät dieser aktive und enthusiastische Mensch oft in den Fokus der Diskussion. Sein Vokabular enthält **zukunftsorientierte** Sätze wie: „Nach dem neusten Stand ..." oder „Die Zukunft gehört dieser Technologie ...", oder „Die jüngsten Trends gehen in diese Richtung ...", oder „Wir brauchen unbedingt diese innovative Strategie und die modernsten Mittel ..." etc. Diese typische Affe-Attitüde wird von der Hund-Komponente entschlossen verteidigt. Aussagen und Vorschläge wirken jetzt bei den Zuhörern vehementer und bestimmender. Die im Prozess involvierten Kollegen werden nicht nur mit dem *klassischen* Affen, den man nicht immer *ernst* nimmt, sondern auch mit einer selbstsicheren, impulsiven und streitbaren Person, konfrontiert. Die Neugierde und Kreativität des Affen und die Dominanz des Hundes bilden eine solide Einheit. Ideen und Anregungen finden plötzlich Gehör bei Kollegen, Mitarbeitern, Führungskräften und Kunden. Der Affe-Hund ist nicht mehr der kreative Ideengeber ohne Durchsetzungsvermögen. Er wirkt seinerseits nicht nur wie ein dominanter, aggressiver und fantasiearmer Mensch, der gerne andere Individuen provoziert und kaum unüberwindbare Hindernisse kennt. Vor allem bei harten Auseinandersetzungen profitiert der Affe von der **Resolutheit** des Hundes, und der Hund von der **Kreativität** des Affen.

Die notorische Hyperaktivität des *echten* Affen wird bei den klassischen Fachgesprächen unter Experten als unkoordiniert – und manchmal als störend – empfunden. Auch wenn der *Multitasker* (Designer) vom *Monotasker* (Techniker) bei Brainstorming und kreativen Lösungen als nützlicher Mitarbeiter gesehen wird, gilt er weiterhin als schlechter Umsetzer. Ein Affe mit Hund-Eigenschaften stellt hingegen für die struktur- und systemliebenden *Monotasker* eine Herausforderung dar. Risikoaffinität, Entschlossenheit und Impulsivität können von vorsichtigen und sicherheitsdenkenden Herstellern als Bedrohung empfunden werden.

Beispiel 10 | Der strombolianische[7] Designer

Ein junger, explosiver, kreativer und exzentrischer Designer besitzt eine außerordentliche **Antriebskraft**. Vor 15 Jahren gründete er eine international agierende Lampenfirma. Sie ist berühmt für Innovation und maßgeschneiderte Lösungen.

Die Lampen werden von zahlreichen europäischen kleinen Firmen produziert. Das erfordert eine gute Zusammenarbeit zwischen Designern, Entwicklern und Herstellern. Das ist kein leichtes Unterfangen für die involvierten Techniker, insbesondere, wenn sie mit einem ungeduldigen, enthusiastischen, impulsiven und kreativen Unternehmer – der selektiv zuhört, und permanent neue Ideen hat – über technische Details und diffizile Lösungen ausführlich diskutieren müssen. Wegen seiner feurigen Ausbrüche bekam er den Namen Stromboli, so wie der Vulkan. Auch wenn Zeitgefühl und strukturierte Vorgehensweise ziemlich schwach vorhanden sind, übernimmt er mit Freude die Sitzungsleitung. Trotz vorhandener Tagesordnung, klarer Struktur und strikter Planung – z. B. keine Smartphone-Benutzung oder andere Ablenkungen und Unterbrechungen -, hält er sich kaum an die von ihm selbst eingeführte Ordnung. Ihm zu folgen ist für Mitarbeiter und Produzenten ziemlich anstrengend. Einige, aus seiner Sicht *ungefährliche* Hunde haben es versucht, ihm argumentativ energisch zu widersprechen, ohne den erwünschten Erfolg. Der Unternehmer reagierte auf diese Herausforderungen meistens wenig kooperativ, gelegentlich explosiv und sogar wie ein Besserwisser.

Neue Zusammenarbeit

Je nach Kontext zeigt der Firmenchef gerne eine dominante Haltung. Sie ist nicht so ausgeprägt wie bei einem *echten* Hund. Auch das sprunghafte Verhalten eines *echten* Affen ist weniger intensiv. Er weiß genau wie er auf bestimmte Menschentypen wirkt. Außerdem scheint er seine kommunikativen Schwächen zu kennen. Auch wenn er energisch, schnell und impulsiv agiert, ist er keineswegs beratungsresistent. Als verantwortungsvoller Unternehmer möchte er die Kommunikation, Führung und Verhandlung verbessern. Er weiß, dass dies nur mit der **Einbeziehung einer charakterlich komplementären Person** möglich ist. So ließ er sich gerne beraten und engagierte einen vertrauten, fähigen, besonnenen und ausgeglichenen Mitarbeiter mit Ratgeberfunktion, ein **typisches Pferd** also. Er bekam einen bedeutenden Spielraum im Bereich Kommunikation, Koordination und Implementierung der wichtigsten Aktivitäten. Der stolze und erfolgreiche Unternehmer fungiert weiterhin als alleiniger Entscheidungsträger. Ein **enger Mitarbeiter mit Pferdverhalten** ist für ihn kein Konkurrent. Sein Führungsanspruch bleibt also unangefochten. Situativ überlässt er ihm auch Organisation und Durchführung heikler Besprechungen. Trotz klarer Kompetenzzuständigkeiten treten beide als **eingespieltes Tandem** ohne Spannungen und schädliche Reibungen auf. Das schafft ein entspanntes und angenehmes Arbeitsklima, das sehr positiv auf die Motivation und Leistung aller involvierten Mitmenschen wirkt.

Das ist ein weiterer Beweis für die große Bedeutung einer engen und fruchtbaren Zusammenarbeit von zwei unterschiedlichen und komplementären Tiertypen. Eine **Symbiose** ist entstanden.

Igel-Lamm-Kombination

Wirft man einen Blick auf die prägenden Gemeinsamkeiten des Igel-Lamm-Typus, dann fragt man sich ob diese zwei Menschentypen doch **fast identisch** sind. In der Tat, die Zahl der Affinitäten ist bei weitem höher als die Unterschiede.

Es gibt jedoch manche Charakterzüge, welche das Verhalten beider Tiertypen beeinflussen. Dazu gehören die beschriebenen Igeleigenschaften wie: Pessimismus, Misstrauen, physische Distanz, ablehnende Haltung, unkontrollierte Explosionen, Widerstandsfähigkeit, Verteidigungsgeschick und Beharrlichkeit. Beim Lamm merkt man: schwaches Durchsetzungsvermögen, Unsicherheiten, Empathie, Kooperationsfähigkeit, Berechenbarkeit und Schwierigkeit offen (verbal) auf harte Auseinandersetzungen zu reagieren. Die Reaktionen beider Tiertypen sind ähnlich und folgen meistens dem gleichen stereotypischen Muster: Implosion, Konfrontationsvermeidung, späte und meist deplazierte Reaktionen aber auch eine gewisse Resilienz und Standhaftigkeit.

In **Konfliktsituationen** bietet die Mischung aus Igel-Lamm einige konkrete Synergien.

Durch die Lammkomponente wird die Kommunikation zwischen Kollegen, Vorgesetzten und Kunden etwas leichter, offener, zugänglicher, nicht ostentativ kritisch, konzilianter und vorhersehbarer. Durch das Igel-Element wird die interpersonelle Kommunikation etwas resoluter und widerstandsfähiger. *Eindringlinge* werden vehement zurückgewiesen. Unangenehmen Antagonisten werden Grenzen gezeigt, und – wenn es sein muss – sogar die Stacheln herausgerissen.

Dieser Menschentypus hat Schwierigkeiten – auf horizontaler und vertikaler Ebene – mit dominanten **Hunden** und überheblichen **Giraffen**, die bekanntlich kaum Rücksicht auf den Ansprechpartner nehmen. (Das ist aber kein Lamm-Igel-spezifisches Problem, sondern vielmehr ein permanenter Konflikt mit Menschen solcher Prägung). Diese Eigenschaftsverschmelzung mildert manche Empfindlichkeiten des *echten* Igels und reduziert dessen Explosionsgefahr. Außerdem schwächst die evidente Zurückhaltung des Lammes die Angriffslust der Hunde und Erniedrigungstendenzen der Giraffen ab, weil sie wenig Spaß und Freude daran haben, ein solches Individuum zu drangsalieren. Sie werden von Igel-Lamm-Mensch *entwaffnet*.

Der Umgang mit **Füchsen** ist dagegen viel weniger problematisch, weil der Igel-Lamm-Typus sorgfältig, systematisch und kompetent ist und verbale Provokationen grundsätzlich meidet. Er fordert Füchse nicht heraus, bleibt gelassen, fällt nicht ins Wort und hört aufmerksam zu. Die Auseinandersetzung verläuft faktisch und nicht emotional, Eigenschaften, die von Füchsen geschätzt werden. Der Igel-Lamm-Mensch arbeitet lieber allein oder in kleinen Gruppen, Ehrgeiz und Karriereaffinität sind überschaubar. So gerät er fast nie – oder sehr selten – in Konflikt mit ambitionierten, karriereorientierten und antagonistischen Füchsen, die ihn lieber in Ruhe lassen.

Auch im Umgang mit logorrhoischen **Breitmaulfröschen** und zappligen **Affen** hält sich die kommunikative Reibung in Grenzen. Lediglich häufige Störungen, Hyperaktivität und Multitasking-Verhalten irritieren den Igel-Lamm-Typus. Die erworbene größere Selbstbeherrschung und Besonnenheit sowie die geringere Explosionsgefahr üben eine positive Wirkung auf impertinente Kollegen mit Affen-Frosch-Merkmalen. Wird dieser doch zu aufdringlich, dann wird der Igel-Lamm-Mensch die notwendige physische und kommunikative Distanz herstellen und ihm eine klare und unmissverständliche Haltung zeigen.

Tipps

Bei einer solchen Charakterkonstellation ist Behutsamkeit geboten. Man darf auf keinen Fall so reagieren wie ein stürmischer Hund, eine hochnäsige Giraffe oder ein hyperaktiver Affe, weil die Gefahr einer mentalen Blockade viel zu groß ist.

Dieser Mensch ist ziemlich unsicher, sensibel und hyperkritisch auch zu sich selbst. In Konfliktsituationen zieht er sich schnell in die Defensive zurück. Angenehme und vertraute Atmosphäre und vorsichtige Annäherung bauen Mistrauen und Berührungsängste dieses beziehungsorientierten Individuums graduell ab. Nur wenn es sich wohlfühlt öffnet es sich allmählich. Die Initiative muss aber von ihm kommen. Man darf diesen Prozess keineswegs forcieren. Erst nach der Herstellung einer Vertrauensbasis ist dieser Mensch bereit, seine zahlreichen positiven Eigenschaften voll zu nutzen. Zeigt man ihm Zuneigung und Akzeptanz, bekommt man als Gegenleistung Loyalität und emotionale Bindung.

Der richtige Umgang mit diesem Menschentypus braucht drei essenzielle Voraussetzungen: **Empathie**, **Zeit** und **Geduld**.

Fuchs-Giraffe-Kombination

Giraffe- und Fuchs-Eigenschaften wurden singulär und mit anderen Charakteren kombiniert ausführlich behandelt. Beide Tiertypen stellen per se ein mühseliges Unterfangen dar. Bei einer Zusammensetzung mancher Eigenarten steigt der kommunikative Schwierigkeitsgrad für die betroffenen Kontrahenten. Der Kontext ist – wie auch für andere Verschmelzungen auch – ein entscheidender Einflussfaktor.

Bei kontrovers diskutierten Themen wird die Haltung einer rechthaberischen, arroganten und machtbesessenen Giraffe mit trickreichen rhetorischen Finessen eines raffinierten Fuchses verteidigt. Eloquenz, logische Vorgehensweise und Klugheit gehen Hand in Hand mit Primadonna-Benehmen, Profilierungsaffirmation und snobistischer Haltung.

Tipps

Im Umgang mit einem solchen Individuum repräsentiert die **symmetrische Kommunikation** (Auseinandersetzung) eine probate, elegante und effektive Variante. Dadurch begegnen sich die Beteiligten auf Augenhöhe, die Interaktion ist argumentativ identisch. Das setzt Sachkenntnisse, akkurate Vorbereitung und rhetorische Finessen voraus. Der Diskurs ist konkret, zielorientiert und auf einem hohen intellektuellen Niveau. Der Feingeist (Fuchseigenschaft) wird somit angesprochen. Einige schwer zu behandelnde Giraffe-Merkmale wie Hochmut, Machtbesessenheit und Narzissmus müssen jedoch unbedingt berücksichtigt werden. Es wäre ein fataler Fehler, diese Person verbal und nonverbal zu vernachlässigen. Sie wird mit Sicherheit probieren, mit der üblichen süffisanten Giraffen-Manier, die Kommunikationsebene zu wechseln. Fühlt sich dieser Ansprechpartner argumentativ unterlegen und dadurch blamiert, verlässt er die symmetrische und geht rasch auf die **komplementäre Kommunikation** über, unabhängig von den gegebenen Machtverhältnissen. (Bei einer klaren hierarchischen Machtposition sind die Möglichkeiten des Untergeordneten sehr begrenzt). Instinktiv wird der

Kontrahent seine Giraffenseite einsetzen und versuchen den Inhalt mit emotionalen bzw. statusbedingten Argumenten zu ersetzen. Hier ist Vorsicht geboten. Intellektuell und brillant präsentierte Thesen dürfen von der Fuchs-Giraffe auf keinen Fall als Majestätsbeleidigung interpretiert werden. Kennt sie sich in bestimmten Bereichen besser aus, ist die Integration ihrer Kenntnisse als wertvolle Ergänzung zu nutzen. Tut sie es nicht, sollte man ihr unzweifelhaftes Wissen entdecken und sie animieren es in den Dienst der Sache zu stellen. Das ist eine **partielle komplementäre Kommunikation**, welche von diesem Menschenschlag honoriert wird. Im Umgang mit einem solchen Ansprechpartner ist die **Inklusion** eine effektive, intelligente und zielführende Strategie. Die Exklusion eines solchen *schwierigen* Individuums ist dagegen gefährlich und kontraproduktiv, also absolut nicht empfehlenswert. In einer solchen Konstellation ist die Anwendung eines **Pferd-Fuchs-Verhaltens** ein adäquates Kommunikationsmittel.

Tierkombinationen im Kurzüberblick

Das sollten Sie vorab wissen: Pferde als Korrektiv

Wegen der mehrmals geschilderten positiven Eigenschaften des Pferds, wird dieser Tiertypus als geeignetes Korrektiv mancher schillernden Persönlichkeiten dargestellt. Die klassischen Pferdecharakteristika ist wie die Petersilie in der Küche – sie passt zu den meisten Kochgerichten.

Besitzt ein Mensch von Natur aus Pferdequalitäten, treten manche – plakativ formuliert – Spezifika wie Aggression, Überheblichkeit, Hyperaktivität, logorrhoische Monologe, hermetische Verschlossenheit, unsicheres Auftreten oder perfide rhetorische Finessen in abgeschwächter Form auf. Die Pferdekomponenten fungieren automatisch als **Korrektivelement**. Hat ein Individuum diese Eigenschaften nicht, dann sollte man einen situativ passenden Pferdetypus als Ergänzung einsetzen. Es muss nicht unbedingt eine permanente Angelegenheit sein. Oft reichen Ad-hoc-Lösungen.

Weil Pferd nicht gleich Pferd ist, stellen folgende vier Pferde-Typen eine wertvolle Hilfe für die Suche nach adäquaten komplementären Eigenschaften in einem gegebenen Kontext dar.

Pferdetypus	Eigenschaften
Vollblut	» Benehmen eines anmutigen Aristokraten » Schnelligkeit » Wendigkeit » Ausdauer
Kaltblut	» sanftmütiger Riese » imposante Erscheinung » angenehmer Geselle » Arbeitstier
Warmblut	» vielseitiger Athlet » Anpassungsfähigkeit » große Sportbegeisterung » Sportdisziplinen: Dressur oder Freizeit

Halbblut	» Energiebündel
	» Temperament
	» Galopp
	» Ausdauer

Die Suche nach dem geeigneten Pferdetypus hängt vom Kontext und persönliche Eigenschaften der beteiligten Individuen ab.

Hund-Giraffe-Kombination

Prägende Gemeinsamkeiten des Hund-Giraffen-Typus

» Veränderungsaffinität
» Risikoaffinität
» Wettbewerbsorientierung
» Machtorientierung
» schwache Kooperationsfähigkeit (Giraffe)
» Kompromissaversion
» Zielstrebigkeit
» Antagonismus (Giraffe)
» Konfrontation (Hund)
» Entscheidungsfreudigkeit
» austeilen
» kaum Empathie
» Mittelpunktorientierung, Machtdemonstration (Hund), Arroganz (Giraffe)

Prägende Unterschiede des Hund-Giraffen-Typus

Hund	Giraffe
» dominant	» gebildet
» resilient	» arrogant
» Antreiber	» beratungsresistent
» motiviert	» machtbesessen
» fleißig	» wissbegierig
» experimentierfreudig	» entscheidungsfreudig
» spontan	» stellt eigene Ziele in den
» impulsiv	Vordergrund
» aktiv	» kompromissavers
» aufgeschlossen	» verletzlich und nachtragend

» initiativ
» entscheidungsfreudig
» risikoaffin
» optimistisch
» zielstrebig
» streitbar
» provoziert
» teilt gerne aus, steckt ein
» verantwortungsvoll
» kompromissavers
» selbstsicher
» Mitreißer
» ungeduldig
» enthusiastisch
» Durchsetzungsvermögen
» Emotionen berechenbar
» laut
» couragiert
» unterbricht
» fällt ins Wort
» energisch
» entschlossen
» resolut
» kampfbereit
» zeigt Zähne
» bellt und beißt
» riskiert Eskalation
» aggressiv
» fordert heraus
» kaum empathisch

Körpersprache:

» imponierende Haltung
» nimmt viel Platz in Anspruch

» revancheorientierung
» elitär
» schaut von oben nach unten herab
» aufgeblasen (Pfauverhalten)
» selbstbewusste Erscheinung
» Kommandogehabe
» Ellenbogen
» rechthaberisch
» kritikavers
» teilt aus, steckt nicht ein
» nicht empathisch
» erniedrigt
» kontrolliert
» lässt warten
» karriereaffin
» ambitiös
» Repräsentationsposten
» hohe Führungspositionen
» bekämpft Rivalen
» *Primadonna assoluta*
» narzisstisch
» egozentrisch
» gelegentlich Egomane
» verlangt Loyalität und Gehorsam
» trägt eine Maske
» will keine Schwächen zeigen
» Horror vor Blamage
» vorbereitet
» eloquent
» kompetent
» Ästhet
» akkurat
» Profilneurose

» breitbeinig
» direkter Blick
» sicherer und lauter Gang
» sehr fester Händedruck
» Zeigefinger zum Ansprechpartner
» wippt mit den Beinen
» trommelt mit den Fingern
  auf den Tisch
» ungeduldig

Variabel:

» Körpergröße
» Rasse

Körpersprache:

» snobistische Haltung
» hält physische Distanz
» Imponiergehabe
» süffisante Mimik
» meidet oft den direkten
  Blickkontakt
» bei Gesprächen beschäftigt
  er sich mit anderen Digen

Variabel:

» hierarchische Position
» Verhandlungsmacht

Kombination wichtigster Merkmale:
Paritätische Eigenschaftsverteilung der Tiertypen Giraffe und Hund

Giraffe mit Hund-Charakteristika	Hund mit Giraffe-Charakteristika
» wirkt arrogant und elitär » teilt aus, steckt wenig ein » Imponiergehabe, Prima-donna-Verhalten (Prahlerei) » wird machtbesessener » wirkt narzisstisch und ego-zentrisch » verlangt Treue von Mitar-beitern » zeigt Überlegenheit » wird mimosenhaft und verletzlich » Angst vor Gesichtsverlust	» hat mehr Initiative » zeigt Ungeduld und Impulsi-vität » wird streitsüchtig » provoziert gerne » zeigt Kampfbereitschaft » greift häufiger an » wird häufiger angegriffen » wirkt energisch und aggres-siv » verhält sich aufgeschlossen » handelt rascher, resoluter und entschlossener

» Revanche für andersdenkenden	» wirkt enthusiastisch
	» spricht lauter
» lässt Untergebene und Kollegen warten	» unterbricht häufiger
	» hört selektiver zu
» wird ambitiöser	» mehr Machtdemonstration
» zeigt mehr Karriereorientierung	» mehr Durchsetzungsvermögen
» wird weniger angegriffen	
» Kommunikation wird gelassener und sachlicher	

Hund-Fuchs-Kombination

Prägende Gemeinsamkeiten des Hund-Fuchs-Typus

- » Veränderungsaffinität
- » Risikoorientierung
- » Entschlossenheit
- » schwache Kooperationsfähigkeit
- » Kompromissaversion
- » Initiative
- » Zielstrebigkeit
- » Antagonismus
- » Konfrontation
- » Entscheidungsfreudigkeit
- » Ungeduld
- » Optimismus
- » Zuverlässigkeit
- » fordern Menschen heraus (intellektuell und kämpferisch)

Prägende Unterschiede des Hund-Fuchs-Typus

Hund	Fuchs
» dominant	» intelligent
» resilient	» schlau
» Antreiber	» klug
» motiviert	» gebildet
» fleißig	» brillant
» experimentierfreudig	» kompetent
» spontan	» logisch
» impulsiv	» methodisch
» aktiv	» strukturiert
	» Detailfetischist

» aufgeschlossen
» Initiative
» entscheidungsfreudig
» risikoaffin
» optimistisch
» zielstrebig
» streitbar
» aggressiv
» provoziert
» teilt gerne aus, steckt ein
» verantwortungsvoll
» kompromissavers
» selbstsicher
» Mitreißer
» ungeduldig
» enthusiastisch
» Durchsetzungsvermögen
» Emotionen berechenbar
» couragiert
» laut
» unterbricht
» fällt ins Wort
» energisch
» entschlossen
» resolut
» kampfbereit
» zeigt Zähne
» bellt und beißt
» riskiert Eskalation
» fordert heraus
» kaum empathisch

» exzellent vorbereitet
» trickreich
» hört aufmerksam zu
» kann empathisch sein
» ehrgeizig
» stabil
» eloquent
» rhetorisch versiert
» überzeugend und persuasiv
» ungeduldig
» antagonistisch
» intolerant gegenüber Fröschen (Schwätzer), Nilpferden (passiv) und Affen (oberflächlich und inkompetent)
» sarkastisch
» gnadenlos
» weiß Bescheid
» notiert
» stellt Fragen
» fordert Menschen heraus
» gefürchtet
» zeigt gerne sein Wissen
» genießt seine Klugheit
» sucht intellektuelle Anerkennung
» will immer Gewinner sein
» erwartet kompetente Ansprechpartner
» veränderungsaffin
» aktiv
» neugierig
» erfinderisch
» experimentierfreudig

Körpersprache:

» imponierende Haltung

» nimmt viel Platz in Anspruch

» breitbeinig

» direkter Blick

» sicherer und lauter Gang

» sehr fester Händedruck

» Zeigefinger zum Ansprechpartner

» wippt mit den Beinen

» trommelt mit Fingern auf den Tisch

» ungeduldig

Variabel:

» Körpergröße

» Rasse

» wenig kooperativ

» zuverlässig

Körpersprache:

» aufmerksamer und schlauer Blick

» perfides Lächeln

» Contenance

Variabel:

» situationsbedingte Intention, Absichten

» Fuchs als Gegner oder Alliierter

» Geduld ansprechpartnerabhängig

Kombination wichtigster Merkmale:
Paritätische Eigenschaftsverteilung der Tiertypen Hund und Fuchs

Hund mit Fuchs-Charakteristika	Fuchs mit Hund-Charakteristika
» Spontaneität und Impulsivität etwas gebremst » hört besser zu » Emotionen mit mehr Rationalität » intellektuelle Herausforderung wird stärker » Streben nach Sieg stützt sich nicht allein auf Emotionen, sondern auch auf Da-	» Entscheidung werden etwas spontaner aber nicht unüberlegt » enthusiastischer » Sachargumente emotionaler vorgetragen und verteidigt » kämpferische Herausforderung wird stärker » das Streben nach Sieg stützt sich nicht allein auf Zahlen

ten und Fakten	und Fakten, sondern auch auf Emotionen
» Diskussionen werden sachlicher und ruhiger	» Diskussionen werden emotionaler
» Dominanz weniger ausgeprägt	» Zunahme der Dominanz
» Durchsetzungsvermögen wird rationaler	» Durchsetzungsvermögen wird emotionaler
» weniger Risikoeskalation	» nimmt Eskalation des Risikos in Kauf
» lässt sich weniger (emotional) provozieren	» wird provokationsempfindlicher
» wird etwas empathisch	» toleranter gegenüber intellektuell *schwächeren* Ansprechpartnern
» eloquenter und rhetorisch versierter	
» mit schwierigen Ansprechpartnern wirkt auch fachlich überzeugend	» resoluter und mitreißender
	» mit schwierigen Ansprechpartnern wirkt er auch aggressiver, bissiger

Affe-Breitmaulfrosch-Kombination

Prägende Gemeinsamkeiten des Affe-Breitmaulfrosch-Typus

» wenig Empathie
» selektives Zuhören
» leicht ablenkbar
» gesellig, redet gerne und viel
» aktiv
» Mittelpunktmensch
» empfänglich für Aufregungen und Anregungen
» horizontales (oberflächliches) Wissen
» neugierig
» fantasievoll
» Frosch (redet simultan), Affe (unterbricht, fällt ins Wort)

Prägende Unterschiede des Affe-Breitmaulfrosch-Typus

Affe	Breitmaulfrosch
» hyperaktiv	» sozialorientiert
» unruhig	» kontaktfreudig
» ungeduldig	» baut Beziehung
» sprunghaft	» ausgeprägte Menschen-
» ablenkbar	orientierung
» *Multitasker*	» gelegentlich sympathisch
» nervt *Monotasker*	» soziale Aufmerksamkeit
» alles wichtig und dringend	» Eventsorganisator
» kaum Prioritätensetzungen	» konfrontationsscheu
» kurze Konzentrationsdauer	» Hauptsache palavern
» hört selektiv zu	» logorrhoisch
» horizontales Wissen	» Sprache schneller als Ge-
» unterbricht	danken

» fällt ins Wort
» Smartphone abhängig
» immer erreichbar
» Angst etwas zu verpassen
» neugierig
» veränderungsaffin
» innovativ
» reagiert schnell
» kreativ
» visionär
» redet gerne und viel
» schnell
» hektisch
» anpassungsfähig
» immer auf dem neusten Stand
» Mittelpunktmensch
» oft Besserwisser
» wenig empathisch
» kaum Körpersprache-beherrschung
» initiativeaffin
» enthusiastisch
» optimistisch
» zukunftsorientiertes Vokabular
» langweilt sich schnell
» routineavers
» risikoorientiert
» kaum Struktur

Körpersprache:

» starke Gestikulation
» kontinuierliche Suche nach irgendeiner Beschäftigung

» Mitteilungsbedürfnis
» kennt keine Grenzen
» findet Anschluss
» fragmentarische Aufnahme
» *zwingt* Aufmerksamkeit der Zuhörer
» redet simultan
» egozentrische Monologe
» oft langweilt er Zuhörer
» neugierig
» oberflächliches Wissen
» stellt Fragen, will keine Antworten
» redet über sein Anliegen
» braucht Minimum an Informationen
» aus *nichts* baut Kontakt
» bestens informiert
» schwaches Zeitmanagement
» gelegentlich empathisch
» schwache Sachorientierung
» nervt *Monotasker*
» sucht Mittelpunkt
» reagiert auf Stimuli
» Strukturproblem
» Sinn und Ziele unklar
» schwer nachvollziehbar

Körpersprache:

» überschreitet häufig die vitale Körperdistanz
» taktile Kommunikation ausgeprägt
» ältere Frösche promenieren gerne und lang

» Multitasking-Verhalten evident
» permanente Körper-
  bewegung
» Unordnung
» kaum Sitzfleisch
» zappelt mit den Beinen
» ADHS-ähnliches Verhalten

Variabel:

» kaum nennenswerte Merk-
  male
» Affen sind von Natur aus
  hyperaktiv

» tendiert oft dazu, den Ansprechpartner festzuhalten
» bei wichtigen Aussagen,
  intensiven Blickkontakt zum
  Zuhörer
» rege Kopfbewegung

Variabel:

» Alter der involvierten Individuen
» verfügbare Zeit

Kombination wichtigster Merkmale:
Paritätische Eigenschaftsverteilung der Tiertypen Affe und Breit-
maulfrosch

Affe mit Frosch-Charakteristika	Frosch mit Affe-Charakteristika
» redseliger	» hyperaktiver
» sozialer	» wissensgieriger
» schlechteres Zeitmanage-	» schneller und hektischer
ment	» innovativer
» Gerät noch mehr in den	» anpassungsfähiger
Mittelpunkt	» besserwisserischer
» sympathischer	» weniger Körperbeherr-
» nimmt sich mehr Zeit für	schung
Palavern	» sprunghafter
» kontaktfreudiger	» noch weniger konzentriert
» nimmt noch weniger auf	» Probleme mit Prioritätsset-
» erwartet mehr Aufmerk-	zung
samkeit	

Affe-Hund-Kombination

Prägende Gemeinsamkeiten des Affe-Hund-Typus

» wenig empathisch

» aktiv

» ungeduldig (Affe mehr als Hund)

» Mittelpunktmenschen (Affe mehr als Hund)

» enthusiastisch

» optimistisch

» entscheidungsaffin

» ungeduldig

» Veränderungsorientierung (Affe ausgeprägter)

» Initiative (Hund mehr als Affe)

» innovativ (Affe), experimentierfreudig (Hund)

» Unterbrechungen

» wippen mit den Beinen

» selektives Zuhören (Affe ausgeprägter)

» permanente Körperbewegung (Affe ausgeprägter)

Prägende Unterschiede des Affe-Hund-Typus

Affe	Hund
» hyperaktiv	» dominant
» unruhig	» resilient
» ungeduldig	» Antreiber
» sprunghaft	» motiviert
» ablenkbar	» Fleißig
» *Multitasker*	» experimentierfreudig
» alles wichtig	» spontan
» alles dringend	» impulsiv, auch ungenau
» kaum Prioritätensetzungen	» aktiv

- » kurze Konzentrationsdauer
- » hört selektiv zu
- » horizontales Wissen
- » unterbricht
- » fällt ins Wort
- » Smartphone abhängig
- » immer erreichbar
- » Angst etwas zu verpassen
- » wissbegierig
- » innovativ
- » reagiert schnell
- » kreativ
- » visionär
- » kein Implementierer (Umsetzer)
- » redet gerne und viel
- » schnell
- » hcktisch
- » anpassungsfähig
- » immer auf dem neusten Stand
- » Mittelpunktmensch
- » Besserwisser
- » wenig empathisch
- » kaum Körpersprachbeherrschung
- » initiativeaffin
- » enthusiastisch
- » optimistisch
- » zukunftsorientiertes Vokabular
- » langweilt sich schnell
- » veränderungsaffin
- » routineavers
- » risikoorientiert
- » kaum Struktur

- » aufgeschlossen
- » Initiative
- » entscheidungsfreudig
- » risikoaffin
- » optimistisch
- » zielstrebig
- » aggressiv
- » provoziert
- » teilt gerne aus, steckt ein
- » verantwortungsvoll
- » kompromissavers
- » selbstsicher
- » Mitreißer
- » ungeduldig
- » enthusiastisch
- » Durchsetzungsvermögen
- » Emotionen berechenbar
- » couragicrt
- » laut
- » unterbricht
- » fällt ins Wort
- » energisch
- » entschlossen
- » resolut
- » kampfbereit
- » zeigt Zähne
- » bellt und beißt
- » riskiert Eskalation
- » fordert heraus
- » kaum empathisch

Körpersprache:

- » imponierende Haltung
- » nimmt viel Platz in Anspruch

Körpersprache:

» starke Gestikulation
» kontinuierliche Suche nach irgendeiner Beschäftigung
» *Multitasking*-Verhalten evident
» permanente Körperbewegung
» Unordnung
» kaum Sitzfleisch
» zappelt mit den Beinen
» ADHS-ähnliches Verhalten

Variabel:

» kaum nennenswerte Merkmale
» Affen sind von Natur aus hyperaktiv

» breitbeinig
» direkter Blick
» sicherer und lauter Gang
» sehr fester Händedruck
» Zeigefinger zum Ansprechpartner
» wippt mit den Beinen
» trommelt mit den Fingern auf den Tisch
» ungeduldig

Variabel:

» Körpergröße
» Rasse

Kombination wichtigster Merkmale:
Paritätische Eigenschaftsverteilung der Tiertypen Affe-Hund

Affe mit Hund-Charakteristika	Hund mit Affe-Charakteristika
» verantwortungsvoller	» kürzere Konzentrationsspanne
» größere Selbstsicherheit	» Wissen oberflächlicher
» zielstrebiger	» Smartphone abhängiger
» entschlossener	» hyperaktiver
» entscheidungsfreudiger	» *Multitasker*
» dominanter	» sprunghafter, leichter ablenkbar
» provoziert mehr	
» streitbarer	» hektischer
» lauter	» anpassungsfähiger
» kampfbereiter	

» teilt mehr aus	» redet mehr
» impulsiver	» Besserwisser
» bissiger	» steckt weniger ein
» setzt sich energisch durch	» gestikuliert mehr
» bestimmender	» weniger Körper-beherrschung
	» unruhiger
	» kreativer
	» innovativer

Igel-Lamm-Kombination

Prägende Gemeinsamkeiten des Igel-Lamm-Typus

» vorsichtig, ängstlich

» unauffällig, werden ignoriert

» schwacher Augenkontakt

» schwaches Selbstbewusstsein

» entscheiden nachdenklich, braucht Zeit

» ruhig, überlegt

» aufmerksames Zuhören (Lamm)

» veränderungsscheu

» kaum Emotionen

» zuverlässig, fleißig, kompetent

» pflichtbewusst, loyal

» initiativarm

» effektiv

» sorgfältig, organisiert, planend

» zurückhaltend, reserviert

» arbeitet gerne allein

» harmoniebedürftig

» konfliktavers

» kein Durchsetzungsvermögen (Lamm ausgeprägter)

» Denker

» höchste Leistung im *Monotasking*-Milieu

» vertraute Umgebung

Prägende Unterschiede des Igel-Lamm-Typus

Igel	Lamm
» hyperkritisch	» Teamplayer
» mürrisch	» sensibel
» abweisend	» berechenbar
» verteidigungsorientiert	» effektiv
» misstrauisch	» kompetent
» unauffällig	» zuverlässig
» pessimistisch	» sorgfältig
» hasst Störungen	» überlegt
» seltene unkontrollierte Ex-plosionen	» vorsichtig
	» reserviert
» berechenbar (meistens)	» hört aufmerksam zu
» braucht Zeit	» planend
» hält physischen Abstand	» Veränderungsscheu
» unnahbar	» wenig emotional
» unsicher	» braucht viel Zeit
» Konfrontations- und Kon-fliktscheu	» selbstbeherrscht
	» keine Primadonna-Allüre
» kein Teamplayer	» empathisch
» schwache Empathie	» reflektiert
» implodiert	» kooperativ
» igelt sich ein	» mag keine Störungen
» resilient	» loyal
» beharrlich	» beziehungsorientiert
» reißt Stacheln heraus	» wortkarg
» kaum soziale Kompetenz	» zurückhaltende Inter-aktionen
» vorsichtig	
» zuverlässig	» implodiert
» kompetent	» arbeitet gerne allein
» fleißig	» freundlich
» arbeitet allein	» verständnisvoll
» pflichtbewusst	» mitfühlend
» risikoavers	» altruistisch
» liebt Konventionen	» vertrauensaffin

» sicherheitsorientiert
» initiativarm
» durchführender
» ruhig
» loyal
» reserviert
» Einzelgänger
» *Monotasker*

Körpersprache:

» introvertierte Erscheinung
» Blickkontakt kritisch
» weicher Händedruck
» Gang unsicher, kleine und leise Schritte
» in Stresssituationen zeigt Unbehagen
» unauffällig
» ablehnende Haltung
» nonverbale Signale nicht leicht decodierbar

Variabel:

» der Kontext ist entscheidend
» Reaktion auf Provokationen auf aggressive Hunde und arrogante Giraffen

» konfrontationsavers
» kaum Durchsetzungs-vermögen
» soziale Kompetenz
» nachgiebig
» harmoniebedürftig
» sicherheitsorientiert
» kompromissbereit
» ruhig
» verlegene Erscheinung
» initiativarm

Körpersprache:

» hält kaum Blickkontakt
» hat weichen Händedruck
» unsicherer Gang, kleine leise Schritte
» beansprucht wenig Raum
» Hände teilweise versteckt
» Lächeln vermittelt Un-behagen
» unauffällig
» nonverbale Signale de-codierbar

Variabel:

» Arbeitsatmosphäre
» Reaktion auf laute und stürmische Hunde

Kombination wichtigster Merkmale:
Paritätische Eigenschaftsverteilung der Tiertypen Igel-Lamm

Igel mit Lamm-Charakteristika	Lamm mit Igel-Charakteristika
» größere Selbstbeherrschung	» weniger Selbstbeherrschung
» etwa mehr Empathie	» weniger Empathie
» Weniger pessimistisch und negativ	» kritischer, misstrauischer
» weniger physische Distanz	» mehr physischer Abstand

Fuchs-Giraffe-Kombination

Prägende Gemeinsamkeiten des Fuchs-Giraffen-Typus

» Veränderungsaffinität
» Eloquenz (Fuchs ausgeprägter)
» Ehrgeiz
» Bildung
» Machtorientierung (Giraffe pointierter)
» schwache Kooperationsfähigkeit (Giraffe evidenter)
» Antagonismus
» Entscheidungsfreudigkeit
» wenig Empathie (Giraffe deutlicher)
» Intelligenz und List (Fuchs), Gesellschaftliche Stellung und Arroganz (Giraffe)
» kompromissavers

Prägende Unterschiede des Fuchs-Giraffen-Typus

Fuchs	Giraffe
» intelligent	» gebildet
» schlau	» arrogant
» klug	» Machtbesessen
» gebildet	» beratungsresistent
» brillant	» wissbegierig
» kompetent	» effektiv
» logisch	» entscheidungsfreudig
» methodisch	» sorgfältig
» strukturiert	» Stellt eigene Ziele in den
» detailfetischist	Vordergrund
» exzellent vorbereitet	» kompromissavers
» trickreich	» verletzlich und nachtragend
» hört aufmerksam zu	» Revancheorientierung

» kann empathisch sein

» ehrgeizig

» stabil

» eloquent

» rhetorisch versiert

» überzeugend und persuasiv

» ungeduldig

» antagonistisch

» intolerant gegenüber Fröschen (Schwätzer), Nilpferden (passiv) und Affen (oberflächlich)

» sarkastisch

» gnadenlos

» weiß Bescheid

» notiert

» stellt Fragen

» fordert Menschen heraus

» gefürchtet

» zeigt gerne sein Wissen

» genießt seine Klugheit

» sucht intellektuelle Anerkennung

» will immer Gewinner sein

» erwartet kompetente Ansprechpartner

» veränderungsaffin

» aktiv

» neugierig

» erfinderisch

» experimentierfreudig

» wenig kooperativ

» zuverlässig

» kompromissavers

» elitär

» schaut von oben nach unten herab

» aufgeblasen (Pfauverhalten)

» selbstbewusste Erscheinung

» auffällige Persönlichkeit

» Kommandogehabe

» Ellenbogen

» rechthaberisch

» kritikavers

» teilt aus, steckt nicht ein

» nicht empathisch

» erniedrig

» kontrolliert

» lässt warten

» karriereaffin

» ambitiös

» Repräsentationsposten

» hohe Führungspositionen

» bekämpft Rivalen

» *Primadonna assoluta*

» narzisstisch

» egozentrisch

» gelegentlich Egomane

» verlangt Loyalität und Gehorsam

» trägt eine Maske

» will keine Schwächen zeigen

» Horror vor Blamage

» vorbereitet

» eloquent

» kompetent

» Ästhet

» akkurat

» Profilneurose

Körpersprache:	Körpersprache:
» schlauer Blick » perfides Lächeln **Variabel:** » situationsbedingte Intention, Absichten » Fuchs als Gegner oder Alliierter » Geduld ansprechpartnerabhängig	» snobistische Haltung » hält physische Distanz » Imponiergehabe » süffisante Mimik » meidet oft den direkten Blickkontakt » bei Gesprächen beschäftigt sich mit anderen Dingen **Variabel:** » hierarchische Position » Verhandlungsmacht » weniger elitär

Kombination wichtigster Merkmale:
Paritätische Eigenschaftsverteilung der Tiertypen Fuchs und Giraffe

Fuchs mit Giraffe-Charakteristika	Giraffe mit Fuchs-Charakteristika
» situative Arroganz » Machtbesessenheit prononcierter » Mittelpunktstreben » Kritik empfindlicher » elitäres Benehmen » Gesichtswahrung akzentuierter	» klüger » trickreicher » akkurater vorbereitet » ungeduldiger » eloquenter » Nutzung von Ambiguitäten » weniger elitär

Pferd-Lamm-Kombination

Prägende Gemeinsamkeiten des Pferd-Lamm-Typus

- » Teamplayer
- » ruhig
- » überlegt
- » freundlich
- » selbstbeherrscht
- » reserviert
- » verantwortlich
- » zuverlässig
- » aufmerksames Zuhören
- » kooperativ
- » kompromissbereit
- » soziale Kompetenz
- » konfliktavers
- » loyal
- » empathisch (Lamm ausgeprägter)
- » berechenbar
- » Teamplayer (Lamm evidenter)

Prägende Unterschiede des Pferd-Lamm-Typus

Pferd	Lamm
» ruhig	» Teamplayer
» stabil	» berechenbar
» entspannt	» effektiv
» überlegt	» zuverlässig
» selbstbeherrscht	» sorgfältig
» selbstsicher	» überlegt
» zuverlässig	» vorsichtig
» verantwortlich	» reserviert

» reserviert	» hört aufmerksam zu
» planend	» planend
» hört aktiv zu	» veränderungsscheu
» strebsam	» wenig emotional
» fleißig	» braucht viel Zeit
» akkurat und organisiert	» selbstbeherrscht
» ausgleichend	» empathisch
» konstruktiv	» kooperativ
» kooperativ	» mag keine Störungen
» pragmatisch	» loyal
» sachlich, effektiv	» beziehungsorientiertes Vo-
» provoziert nicht	kabular
» lässt sich kaum provozieren	» wortkarg, redet wenn es
» unterbricht nicht	muss
» fällt nicht ins Wort	» zurückhaltende Interaktio-
» berechenbar	nen
» entscheidet primär mit Ver-	» implodiert
stand und weniger mit Ge-	» arbeitet gerne allein
fühl	» freundlich
» sicherheitsorientiert	» verständnisvoll
» zeigt selten Begeisterung	» mitfühlend
und Emotionen	» altruistisch
» freundlich	» vertrauensaffin
» kompromissbereit	» hasst direkte Konfrontation
» konfliktavers	» kein Durchsetzungs-
» loyal	vermögen
» integrativ	» soziale Kompetenz
» bescheiden	» nachgiebig
» wird oft unterschätzt	» Harmoniebedürfnis aus-
» soziale Kompetenz	geprägt
» vertrauensbildungsorientiert	» konfliktavers
	» stark sicherheitsorientiert
	» kompromissbereit
Körpersprache:	» ruhig
	» zeigt verlegene Erscheinung
» zeigt Selbstkotrolle	» initiativarm
» weist regelmäßige Bewe-	

gungen auf

» fällt wenig auf
» korrekte Sitzhaltung
» keine ausgeprägte Dynamik
» zeigt Eintracht und Respekt
» keine Machtdemonstration
» fester nicht dominanter Händedruck

Variabel:

» Arbeitsatmosphäre
» starker Druck von außen

Körpersprache:

» hält kaum Blickkontakt
» hat weichen Händedruck
» unsicherer Gang, kleine leise Schritte
» beansprucht wenig Raum
» Hände teilweise versteckt
» Lächeln vermittelt Unbehagen
» unauffällig
» nonverbale Signale decodierbar

Variabel:

» Arbeitsatmosphäre
» Reaktion auf laute und stürmische Hunde

Kombination wichtigster Merkmale:
Paritätische Eigenschaftsverteilung der Tiertypen Pferd-Lamm

Pferd mit Lamm-Charakteristika	Lamm mit Pferd-Charakteristika
» reservierter	» mutiger
» etwas ängstlicher	» mehr Initiative
» leiser	» Erscheinungsbild sicherer
» unscheinbarer	» traut sich allgemein mehr zu
» verständnisvoller	» aktiver
» wortkarger	» strebsamer
» stärkere soziale Kompetenz	» weniger Entscheidungsavers
» größeres Harmoniebedürfnis	» entspannter
» vorsichtiger, braucht noch mehr Zeit für Entscheidungen	» strahlt mehr Selbstvertrauen aus
» Erscheinungsbild zurückhaltender	» Nachgiebigkeit weniger ausgeprägt
	» Entscheidungsorientierung

Resümee

Die Lektüre soll primär dazu dienen, den Umgang mit unterschiedlichen Menschentypen situationsadäquat zu gestalten, um die Kommunikation und die Zusammenarbeit mit solchen Personen zu optimieren. Empathische Annäherung ist ein geeignetes Mittel, um den Ansprechpartner und dessen Verhaltensweise besser zu verstehen und entsprechend zu handeln.

Sehr wahrscheinlich entdeckt der Leser in den vorgestellten Tiertypen bestimmte eigene Charaktereigenschaften. Das erleichtert die zwischenmenschliche Kommunikation kolossal. Die Kenntnis darüber, welcher Spezies man sich selbst zuordnet, ist die Basis der interpersonellen Kommunikation. Noch wichtiger zu wissen ist, welcher Tiertyp bzw. welche Tierkombination die größte Herausforderung für das jeweilige Individuum darstellt. Diese Erkenntnisse ermöglichen eine gezielte Anwendung verbaler, paraverbaler und nonverbaler Kommunikationsmittel, welche den Umgang mit unterschiedlichen (schwierigen) Menschentypen erleichtert.

Die verwendeten Tiermetaphern sind als Visualisierung abstrakter Charakterzüge gedacht und frei von persönlichen Präferenzen. Der Mensch-Tier-Vergleich ist nicht als Herabsetzung bzw. Glorifizierung bestimmter Personen und Tiere zu interpretieren. Ich bin mir jedoch sicher, dass der Leser nach dieser Lektüre ein einprägsames Bild bekommen hat und nun so manchen Freund, Kollegen, Vorgesetzen oder Kunden durch Tiertypeigenschaften charakterisieren kann.

Bemerkungen

[1] *B2B – Business-to-Business* bezeichnet Geschäftsbeziehungen zwischen zwei oder mehr Unternehmen – im Gegensatz zu Beziehungen zwischen Unternehmen und Konsumenten (*B2C – Business-to-Consumer*), also Privatpersonen als Kunden.

[2] Manfred Spitzer: Digitale Demenz. Wie wir uns und unsere Kinder um den Verstand bringen. 1. Auflage, München: Droemer Verlag, 2012.

[3] Chief Executive Officer (CEO) ist die US-amerikanische Bezeichnung für das geschäftsführende Vorstandsmitglied (deutsche, schweizerische und österreichische Bezeichnung: Geschäftsführer) oder den Vorstandsvorsitzenden bzw. Generaldirektor, Vorsitzender oder Präsident der Geschäftsleitung eines Unternehmens oder allgemein dessen allein zeichnungsberechtigten Geschäftsführer.

[4] Laut Definition wird als Alleinstellungsmerkmal (Englisch *unique selling proposition* oder *unique selling point*, kurz: USP) im Marketing und in der Verkaufspsychologie das herausragende Leistungsmerkmal bezeichnet, durch das sich ein Angebot deutlich von dem Angebot anderer Wettbewerber abhebt. Synonym: veritabler Kundenvorteil.

[5] Sven Herzog ist Dozent für Wildökologie und Jagdwirtschaft an der Technischen Universität Dresden

[6] Laut Definition setzt der Pace-Setting-Führungsstil hohe Standards für Leader und Mitarbeiter. Der Leader bestimmt das Tempo (daher Schrittmacher). Wegen der hoch angesetzten Standards und Ansprüche können viele Mitarbeiter Tempo und Standards nicht einhalten. Leader sind dadurch oft gezwungen, bestimmte Tätigkeiten und Aufgaben selbst durchzuführen.

[7] Die Bezeichnung *strombolianische Eruption* bezieht sich auf den Vulkan Stromboli, der sich auf einer Äolischen Insel in Süditalien befindet. Der Stromboli ist ständig aktiv. In unregelmäßigen Abständen (wenige Minuten bis stündlich) kommt es zu größeren und kleineren Eruptionen

Literatur

Argyle, Michael: Körpersprache & Kommunikation. Innovative Psychotherapie und Humanwissenschaften. 7. Auflage; Junfermann Verlag, 2005

Bröckermann, Reiner: Führungskompetenz: Versiert kommunizieren und motivieren, Ziele vereinbaren und planen, fordern und fördern, kooperieren und beurteilen. Schäffer-Poeschel, 2011

Covey, Stephen, R.: Die 7 Wege zur Effektivität: Prinzipien für persönlichen und beruflichen Erfolg. Gabal Verlag, 2005

Fisher, Roger; Ury, William; Patton, Bruce: Das Harvard-Konzept. Der Klassiker der Verhandlungstechnik. Campus Verlag, 2004

Fournier, Cay: Der perfekte Chef: Führung, Mitarbeiterauswahl, Motivation für den Mittelstand. 2. Auflage; Campus Verlag, 2012

Glasi, Friedrich: Konfliktmanagement. Ein Handbuch für Führungskräfte, Beraterinnen und Berater, 11. aktualisierte Auflage, Freies Geistesleben Verlag, 2013

Goleman, Daniel; Boyatzis, Richard; Mckee, Annie: Emotionale Führung. 6. Auflage (Hrsg.); Ullstein Buchverlag, 2010

Goleman, Daniel: Emotionale Intelligenz. 24. Auflage; dtv, 2015

Goleman, Daniel: Konzentriert Euch! Eine Einleitung zum modernen Leben. 2. Auflage; Piper Verlag, 2014

Hagendorf, Herbert; Krummenacher, Joseph; Müller, Hermann-Joseph; Schubert, Torsten: Wahrnehmung und Aufmerksamkeit. Allgemeine Psychologie für Bachelor. Springer Verlag, 2011

Klingberg, Torkel: Multitasking: Wie man die Informationsflut bewältigt, ohne den Verstand zu verlieren. C.H. Beck, 2008

Mastenbroek, Willem F., G.: Verhandeln. Strategie, Taktik, Technik. Frankfurter Allgemeine/Gabler, 1992

Mckee, Annie: Emotionale Führung. 6. Auflage (Hrsg.). Ullstein Buchverlag, 2010

Molcho, Samy: ABC der Körpersprache. Mosaik Verlag, 2006

Morris, Desmond: Bodytalk. Körpersprache, Gesten und Gebärden. Heyne, 1995

Pitcher, Patricia: Das Führungsdrama. Künstler, Handwerker und Technokraten im Management. Klett-Cotta Verlag, 2007

Schultz von Thun, Friedmann: Miteinander reden. Störungen und Klärungen. Allgemeine Psychologie der Kommunikation. RoRoRo Rowohlt, 2010

Singer, Florian; Alexander, Kreis: Gesellschaftsstreit. Vermeiden oder gewinnen, Haufe Verlag, 2018

Spitzer, Manfred: Digitale Demenz. Wie wir uns und unsere Kinder um den Verstand bringen. Droemer, 2012

Ueding, Gert; Steinbrink, Bernd: Grundriss der Rhetorik. Geschichte, Technik, Methode. J.B. Metzler Verlag, 1994

Watzlawick, Paul; Beavin, Janet, H.; Jackson, Donald, D.: Menschliche Kommunikation. Formen, Störungen, Paradigmen. 12. Auflage: Huber Verlag, 2011